用思维导图学 PPT

一品云课堂 编著

中国水利水电出版社
www.waterpub.com.cn

·北京·

内 容 简 介

本书以"思维导图"的形式对PowerPoint软件进行了系统的阐述；以"知识速记"的形式对各类知识点进行全面的解析；以"综合实战"的形式将知识点进行综合应用；以"课后作业"的形式让读者了解自己对知识的掌握程度。

全书共8章，分别对PPT基本入门操作、文字、图形图像、表格和图表的应用、多媒体功能的应用、动画、交互功能、放映功能进行了讲解。书中所选案例紧贴实际，以达到学以致用、举一反三的目标。本书结构清晰，思路明确，内容丰富，语言精炼，解说详略得当，既有鲜明的基础性，也有很强的实用性。

本书适合作为办公人员的学习用书，尤其适合想要提高工作效率的办公人员阅读。同时，也可以作为社会各类Office培训班的首选教材。

图书在版编目（C I P）数据

用思维导图学PPT / 一品云课堂编著. -- 北京 ： 中国水利水电出版社，2020.1
ISBN 978-7-5170-8352-8

Ⅰ. ①用… Ⅱ. ①一… Ⅲ. ①图形软件 Ⅳ.
①TP391.412

中国版本图书馆CIP数据核字(2019)第280054号

策划编辑：张天娇　　责任编辑：周春元　加工编辑：张天娇　封面设计：德胜书坊

书　名	用思维导图学PPT YONG SIWEI DAOTU XUE PPT
作　者	一品云课堂　编著
出版发行	中国水利水电出版社
	（北京市海淀区玉渊潭南路1号D座　100038）
	网址：www.waterpub.com.cn
	E-mail: mchannel@263.net（万水）
	sales@waterpub.com.cn
	电话：（010）68367658（营销中心）、82562819（万水）
经　售	全国各地新华书店和相关出版物销售网点
排　版	徐州德胜书坊教育咨询有限公司
印　刷	北京天恒嘉业印刷有限公司
规　格	185mm×240mm　16开本　16印张　345千字
版　次	2020年1月第1版　2020年1月第1次印刷
印　数	0001—5000册
定　价	59.80元

凡购买我社图书，如有缺页、倒页、脱页的，本社营销中心负责调换

■ 思维导图&PPT

思维导图是一种有效地表达发散性思维的图形思维工具，它用一个中心的关键词引起形象化的构造和分类，并用辐射线连接所有代表的字词、想法、任务或其他关联的项目。思维导图有助于人们掌握有效的思维方式，将其应用于记忆、学习、思考等环节，更进一步扩展人脑思维的方式。它简单有效的特点吸引了很多人的关注与追捧。目前，思维导图已经在全球范围内得到了广泛应用，而且有了世界思维导图锦标赛。

PPT在职场中的使用率非常高，利用它可以做报告、写方案、做课件、做发布会演讲甚至是做视频。熟练使用PPT已经成为了一项不可或缺的职场技能。做得好，自然就会赢得更多的机遇；相反，做不好，后果也很严重。既然PPT已经成为职场人士的必需品，那就要重视它、掌握它，让PPT成为你的职场利器。

本书用思维导图的形式对PPT的知识点进行了全面介绍，通过这种发散思维的方式更好地领会各个知识点之间的关系，为综合应用解决实际问题奠定良好的基础。

■ 本书的显著特色

1. 结构划分合理 + 知识版块清晰

本书每一章都分为思维导图、知识速记、综合实战、课后作业四大版块，读者可以根据需要选择知识充电、动手练习、作业检测等环节。

2. 知识点分步讲解 + 知识点综合应用

本书以思维导图的形式增强读者对知识的把控力，注重于PPT知识的系统阐述，更注重于在解决问题时的综合应用。

3. 图解演示 + 扫码观看

书中案例配有大量插图以呈现操作效果，同时，还能扫描二维码进行在线学习。

4. 突出实战 + 学习检测

书中所选择的案例具有一定的代表性，对知识点的覆盖面较广。课后作业的检测，可以起到查缺补漏的作用。

5. 配套完善 + 在线答疑

本书不仅提供了全部案例的素材资源，还提供了典型操作过程的学习视频。此外，QQ群在线答疑、作业点评、作品评选可为学习保驾护航。

■操作指导

1．Microsoft Office 2019 软件的获取

要想学习本书，须先安装Office 2019应用程序，你可以通过以下方式获取：

（1）登录微软官方商城（https://www.microsoftstore.com.cn/），选择购买。

（2）到当地电脑城的软件专卖店咨询购买。

（3）到网上商城咨询购买。

2．本书资源及服务的获取方式

本书提供的资源包括案例文件、学习视频、常用模板等。案例文件可以在QQ交流群（群号：728245398）中获取，学习视频可以扫描书中二维码进行观看，作业点评可以通过QQ与管理员在线交流。

本书在编写和案例制作过程中力求严谨细致，但由于水平和时间有限，疏漏之处在所难免，望广大读者批评指正。

编者

2019年10月

前言

目录 CONTENTS

第1章 走进PPT的精彩世界

第 2 章　一直被忽略的PPT文字设计

第3章 图形图像的那些事

第4章 玩转表格和图表

目录 CONTENTS

第 5 章 设置音、视频不犯愁

第6章 原来动画可以这么做

第 8 章 这样分享PPT更方便

第 1 章

走进 PPT 的
精彩世界

曾在微博上看到一个小调查，问：不会做PPT，会对你的工作有影响吗？结果80%的人选择了"有影响"。由此可以看出，PPT在职场中的重要性。也许会有人唏嘘："PPT嘛，下载一个模板直接使用就可以了呗！"这只能说明你还不懂PPT。本章将介绍一个你有所不知的PPT世界。

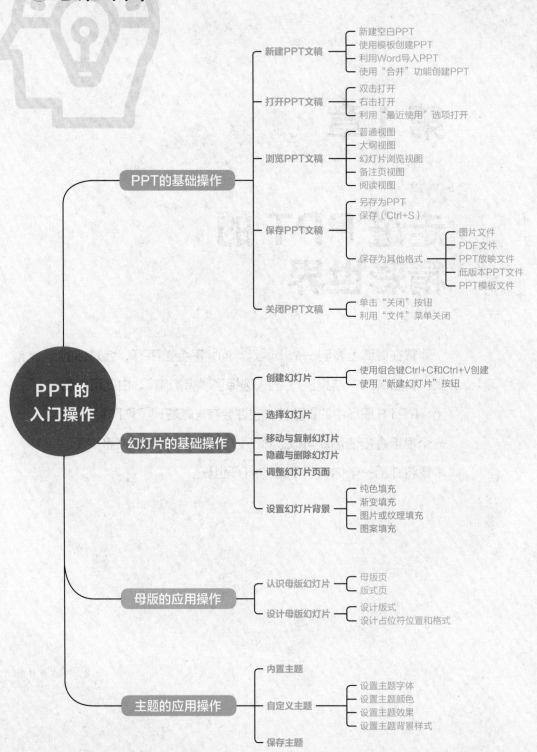

思维导图

PPT的入门操作

PPT的基础操作
- 新建PPT文稿
  - 新建空白PPT
  - 使用模板创建PPT
  - 利用Word导入PPT
  - 使用"合并"功能创建PPT
- 打开PPT文稿
  - 双击打开
  - 右击打开
  - 利用"最近使用"选项打开
- 浏览PPT文稿
  - 普通视图
  - 大纲视图
  - 幻灯片浏览视图
  - 备注页视图
  - 阅读视图
- 保存PPT文稿
  - 另存为PPT
  - 保存（Ctrl+S）
  - 保存为其他格式
    - 图片文件
    - PDF文件
    - PPT放映文件
    - 低版本PPT文件
    - PPT模板文件
- 关闭PPT文稿
  - 单击"关闭"按钮
  - 利用"文件"菜单关闭

幻灯片的基础操作
- 创建幻灯片
  - 使用组合键Ctrl+C和Ctrl+V创建
  - 使用"新建幻灯片"按钮
- 选择幻灯片
- 移动与复制幻灯片
- 隐藏与删除幻灯片
- 调整幻灯片页面
- 设置幻灯片背景
  - 纯色填充
  - 渐变填充
  - 图片或纹理填充
  - 图案填充

母版的应用操作
- 认识母版幻灯片
  - 母版页
  - 版式页
- 设计母版幻灯片
  - 设计版式
  - 设计占位符位置和格式

主题的应用操作
- 内置主题
- 自定义主题
  - 设置主题字体
  - 设置主题颜色
  - 设置主题效果
  - 设置主题背景样式
- 保存主题

知识速记

1.1 PPT是什么

PowerPoint（简称PPT）从字面上翻译为"强有力的观点"，也可以这么理解，就是使你的观点有效地、强力地、直观地表达出来。利用它能够制作出生动的幻灯片，并以此达到最佳的现场演示效果。

■ 1.1.1 PPT的应用领域

目前，PPT已经成为人们职场生活中一个不可或缺的组成部分。无论什么岗位、什么工种，或多或少都会使用到它。例如，党政机关利用PPT作相关的工作报告；各个企业利用PPT作产品推介、企业宣传等演讲；部分公司利用PPT作一些项目竞标、项目方案汇报；各类学校、培训机构现已利用PPT替代原始板书进行教学。

如图1-1所示的是OPPO手机产品推介PPT，如图1-2所示的是企业宣传PPT文稿，这两个作品均出自于锐普演示公司设计师之手。

图1-1

图1-2

■ 1.1.2 好的PPT是什么样的

"我如何才能做好一份PPT?"经常听到有人问起这类问题，其实答案很简单：内容精准、版式简洁、动画恰到好处。虽说答案只有简简单单十几个字，但能够做到这三点的人不多。下面将对这三点要求进行简单的说明。

1. 内容精准

好的PPT首先内容一定要准确。做PPT的主要目的就是与他人进行良好的沟通。如果内容含糊不清、逻辑性差，不知所云，那么这份PPT就算装饰得再酷，也没有意义。所以，判断PPT是否做得好，重要标准之一就是要内容准确、逻辑清晰。

2. 版式简洁

简洁大方的版式能够突出PPT所要表达的观点或内容。相反，复杂花哨的版式则会埋没内容，让人心生厌倦，无心听讲。下面是两张不同版式的幻灯片效果。显而易见，图1-4的效果要比图1-3的效果好很多。

图1-3

图1-4

3．动画恰到好处

恰到好处的动画会让PPT锦上添花，而多余复杂的动画则会给PPT画蛇添足。在PPT中添加动画的主要目的就是能够将内容观点呈现得自然流畅，增强可读性和趣味性。如果无法做到这一点，宁可不加动画。

■1.1.3　PPT文稿的组织结构

一套完整的PPT文档一般是由五个部分组成，分别为封面页、目录页、过渡页、内容页和结尾页。

1．封面页

封面页是给观众的第一印象，封面页制作得好坏，会对整个PPT的品质产生影响。所以在制作PPT时，要考虑好如何制作封面页。在封面页中只要体现出PPT的中心思想即可，版式切勿花哨，如图1-5所示。

2．目录页

目录页主要是让观众对PPT的内容有一个全面的了解。该页面紧随封面页之后，其版式简洁大方，突显重点即可，如图1-6所示。

图1-5

图1-6

3．过渡页

过渡页在PPT中起着承上启下的作用，让各部分内容能够很好地衔接，如图1-7所示。当然，如果PPT的页数较少，就没有必要添加过渡页了，用户可以根据实际情况而定。

4．内容页

内容页是整个PPT中必不可少的一部分，其表现形式可以有很多，用户可以根据自己的需求用不同的方式来传递观点和内容，如图1-8所示。

图1-7

图1-8

5．结尾页

结尾页一般是简单感谢观众或表达美好祝愿的话语。在制作时要注意与PPT的整体风格相呼应，如图1-9所示。

图1-9

■1.1.4 PPT与幻灯片之间的关系

利用PPT制作的文档叫作演示文稿，它可以转换成各种格式，如PDF、图片、视频等。而PPT是由多张幻灯片组成的，每一张幻灯片以独立的页面显示内容，如图1-10所示。从图1-10中可以看出，PPT与幻灯片之间存在着既相互独立又相互联系的关系。

图1-10

■1.1.5 PPT的操作界面

对PPT的操作界面了如指掌，才能顺利地学习PPT的制作。下面将向用户简单介绍一下PPT的操作界面，如图1-11所示。

扫码观看视频

图1-11

1．标题栏

标题栏位于界面的最顶部，从左至右依次是快速访问工具栏、演示文稿名称、"登录"按钮、功能区显示选项按钮、最小化按钮、最大化按钮、关闭按钮。

知识拓展

　　默认情况下，快速访问工具栏中包含"保存""撤销""恢复"和"从头开始"这四项命令。用户可以根据使用习惯在该工具栏中添加一些常用的命令。例如，添加"快速打印"命令的方法为：单击自定义快速访问工具栏的下拉按钮，在打开的列表中选择"快速打印"选项完成添加操作，如图1-12所示。

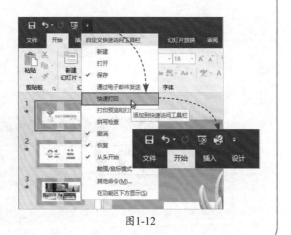

图1-12

2. 功能区

　　功能区位于标题栏下方，默认包含11个选项卡，分别为"文件""开始""插入""设计""切换""动画""幻灯片放映""审阅""视图""加载项""帮助"，每个选项卡中包含多个选项组，相同类别的命令集中在同一个选项组中。

　　这里需要重点介绍一下PPT的"选项"功能。该功能可以让用户自如、顺手地使用PPT软件。在功能区中单击"文件"选项卡，选择"选项"选项，打开"PowerPoint选项"对话框，如图1-13所示。

图1-13

　　在该对话框中，用户可以根据需要对操作界面、保存、功能区等选项进行详细设置。图1-14是在功能区中加载"绘图"选项卡的操作。

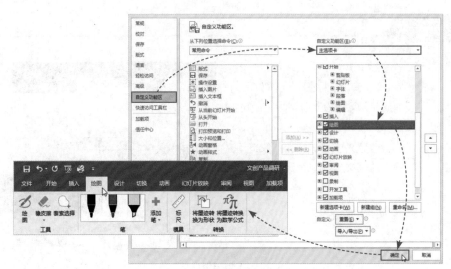

图1-14

3．预览窗格

预览窗格位于功能区左下方，它是以缩略图的形式显示PPT中所有的幻灯片。选中某一页幻灯片时，该幻灯片可以在编辑区中完整显示。在预览窗格内，用户还可以对幻灯片进行移动、复制、删除、隐藏等操作。

将鼠标放置在预览窗格右侧的分割线上，当光标呈双向箭头时，按住鼠标左键向左或向右拖拽，可以缩小或扩大该窗格的显示区域。而相邻的编辑区也随之扩大或缩小，如图1-15所示的是缩小窗格区域，如图1-16所示的是扩大窗格区域。

图1-15   图1-16

4．编辑区

编辑区位于整个操作界面的中心位置，是PPT的工作区域。用户可以在编辑区内插入文字、图片、图形等。在此区域中，按住Ctrl键的同时，向上滚动鼠标滚轮，可以放大幻灯片的显示比例；向下滚动鼠标滚轮，可以缩小显示比例。

5．状态栏

状态栏位于界面最下方，从左到右依次显示幻灯片页数、当前显示页码、"拼写检索"

按钮、语言、"备注"按钮、"批注"按钮、各类视图按钮、"幻灯片放映"按钮、视图缩放栏等。

1.2 PPT的上手操作

了解PPT的工作界面后，接下来就要着手学习PPT的入门技能了，如新建PPT、查看PPT、保存PPT等。

■1.2.1 新建PPT

新建PPT的方法有很多，如创建空白PPT文稿，或者创建主题模板PPT等，这些操作都可以在"文件"选项卡的"新建"界面中进行，如图1-17和图1-18所示。

扫码观看视频

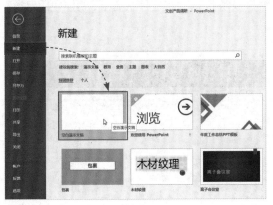

图1-17

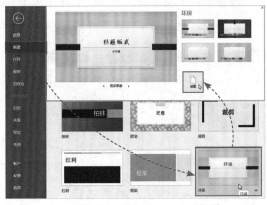

图1-18

知识拓展

在工作中常会用到将Word导入到PPT的操作，而很多用户只会用"复制""粘贴"功能来导入。其实PPT有更加快捷的方法，那就是利用"幻灯片（从大纲）"功能一键导入。但需要提醒一下，在导入前，Word文档需要设置为大纲级别，也就是将内容都添加标题级别。然后在PPT中的"开始"选项卡中单击"新建幻灯片"下拉按钮，选择"幻灯片（从大纲）"选项即可批量导入，如图1-19所示。

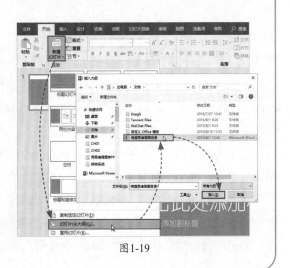

图1-19

■1.2.2 查看PPT文稿

PPT制作完成后，用户可以通过以下三种模式来查看制作的效果。

1．普通视图

在普通视图下，将光标移到编辑区上方，滑动鼠标滚轮就可以对幻灯片的内容进行查看，该视图为PPT默认的视图模式。

2．幻灯片浏览

在状态栏中单击"幻灯片浏览"按钮 ，或者在"视图"选项卡的"演示文稿视图"选项组中单击"幻灯片浏览"按钮即可切换到幻灯片浏览模式，如图1-20所示。

3．阅读视图

在状态栏中单击"阅读视图"按钮即可进入窗口放映状态。在这种状态下，用户可以对幻灯片中的内容和动画效果进行查看，如图1-21所示。

图1-20

图1-21

■1.2.3 保存PPT

在制作PPT时，用户需要不时对PPT进行保存，以免计算机故障造成文档丢失，按组合键Ctrl+S进行保存即可。初次保存时，系统会打开"另存为"对话框，在此对话框中设置好保存路径、文件名和保存类型即可保存。

这里需要说明一下，PPT有自动保存功能，默认情况下是每隔10分钟自动保存一次PPT操作。一旦计算机突然断电或意外关闭，系统会最大可能地帮助用户找回丢失的文档。

在"PowerPoint选项"对话框中选择"保存"选项卡，在"保存自动恢复信息时间间隔"方框中可以设置保存的时间，一般3～5分钟为最佳。如果需要找回PPT文档，只需在"自动恢复文件位置"预设的保存路径中按时间查找最新保存的文件即可，如图1-22所示。

图1-22

1.3 幻灯片的基本操作

以上介绍了PPT入门操作，接下来向用户介绍一下幻灯片的入门操作。之前提到PPT是由多张幻灯片组成的，在制作PPT时，绝大部分的时间都会用在处理某张幻灯片上，所以掌握幻灯片的基本操作是PPT入门的必备条件。

1.3.1 插入幻灯片

默认情况下创建空白PPT文稿后，系统只会显示一张幻灯片。显然，这一张幻灯片满足不了用户的需求，这时就需要通过"新建幻灯片"命令插入其他幻灯片。

在"开始"选项卡中单击"新建幻灯片"下拉按钮，选择一张满意的幻灯片版式即可插入幻灯片，如图1-23所示。用户还可以在预览窗格中右击，选择"新建幻灯片"选项，同样可以插入新的幻灯片，如图1-24所示。

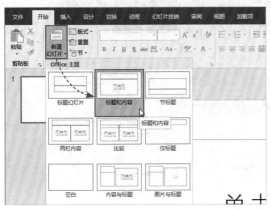

图1-23

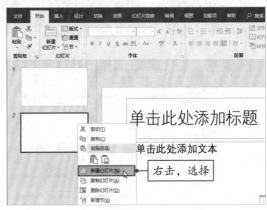

图1-24

■1.3.2 移动和复制幻灯片

在制作过程中，如果认为幻灯片顺序不合理，可以在预览窗格中通过"移动"命令对幻灯片的顺序进行调整。或者将视图切换到幻灯片浏览视图界面中，选择要移动的幻灯片，按住鼠标左键不放，将其拖至所需位置后放开鼠标即可完成移动操作，如图1-25所示。

如需制作内容相似的幻灯片，可以通过"复制"命令对幻灯片进行复制操作。选择要复制的幻灯片，按组合键Ctrl+C进行复制，然后在所需幻灯片上方或下方位置按组合键Ctrl+V粘贴幻灯片即可，如图1-26所示。

图1-25

图1-26

■1.3.3 调整幻灯片尺寸

从PPT 2016版本开始，幻灯片的尺寸由原来的"标准屏（4:3）"更改为现在的"宽屏（16:9）"。然而并非所有场合都适合该尺寸，一旦需要调整尺寸，用户可以在"设计"选项卡中单击"幻灯片大小"下拉按钮，在下拉列表中选择需要的尺寸即可。如果对尺寸有特殊要求，那么只需在列表中选择"自定义幻灯片大小"选项，在"幻灯片大小"对话框中设置合适的尺寸即可，如图1-27所示。

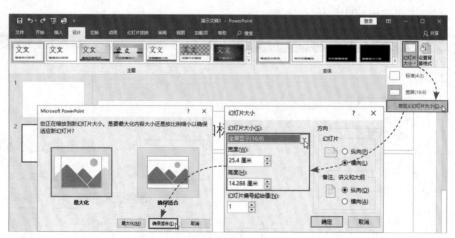

图1-27

■1.3.4　设置幻灯片背景

默认情况下幻灯片背景为白色，用户可以根据设计的版式、风格来自定义幻灯片背景。在"设计"选项卡中单击"设置背景格式"按钮，此时会在编辑区右侧打开"设置背景格式"窗格。在该窗格中，用户可以将背景设为纯色背景、渐变色背景、图片或纹理背景、图案填充背景这四种类型，如图1-28所示。

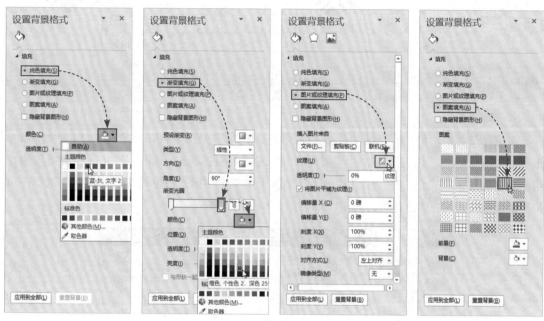

图1-28

1.4　母版幻灯片的应用

幻灯片母版用于设置幻灯片的样式，可供用户设定各种标题文字、背景、属性等，只需更改一项内容就可以更改所有幻灯片的设计。利用幻灯片母版可以快速统一幻灯片的风格，使之具有统一的外观。本节将向用户简单介绍一下母版幻灯片的应用。

■1.4.1　认识母版幻灯片

在"视图"选项卡中单击"幻灯片母版"按钮，即可进入母版视图界面。在左侧的预览窗格中，首张幻灯片称为母版页，其余幻灯片称为版式页。当在母版页进行操作时，会直接影响到其他的版式页，如图1-29所示。而如果选择任意一张版式页进行操作时，其他幻灯片均不会受影响，如图1-30所示。

图1-29   图1-30

● **新手误区：** 在母版页制作好版式后，若切换到其他版式页中，其版式是不能被选中并进行修改的。只有再次进入母版页才可对其进行修改。

占位符是母版幻灯片特有的功能。占位符就是在页面中先临时占一个空位，以方便幻灯片排版。占位符包含"内容""文本""图片""图表"等多种类型，其中，"文本"类型较为常用。选中任意张版式页，在"幻灯片母版"选项卡中单击"插入占位符"下拉按钮，选择占位符类型即可插入相应的占位符，如图1-31所示。

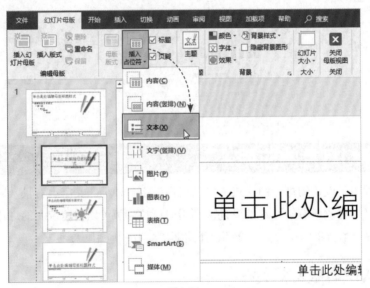

图1-31

■1.4.2　修改母版幻灯片

网上下载的PPT模板大多都需要根据实际情况经过一番修改才行。例如，在PPT中批量添加公司LOGO，如果一张张地添加，实在麻烦。这时用户只需切换到母版视图，在母版页中添加LOGO，然后单击"关闭母版视图"按钮关闭母版视图，系统会自动切换到PPT普通视图。此时就会发现所有幻灯片（除标题幻灯片外）均批量添加了LOGO。

1.5 主题幻灯片的应用

在PPT制作过程中，如果一时找不到好的模板，那么可以利用系统自带的主题模板进行创建，这样免去了自己设计版式的烦恼，提高了制作效率。

1.5.1 应用内置主题

在"设计"选项卡的"主题"选项组中，单击"其他"按钮打开主题样式列表。 在列表中选择一款满意的主题样式即可应用到当前的PPT中，如图1-32所示。

图1-32

在"开始"选项卡中单击"新建幻灯片"下拉按钮，可以在其列表中选择相应的主题版式，如图1-33所示。

图1-33

■ 1.5.2 修改主题

用户如果对内置的主题样式不满意，可以对其进行修改，如主题字体、颜色、背景等。

1. 修改主题字体

在"设计"选项卡的"变体"选项组中单击"其他"下拉按钮，选择"字体"选项，并在其级联菜单中选择满意的字体，此时幻灯片中所有字体均已发生相应的变化，如图1-34所示。当然也可以在列表中选择"自定义字体"选项，在"新建主题字体"对话框中自定义主题字体，如图1-35所示。

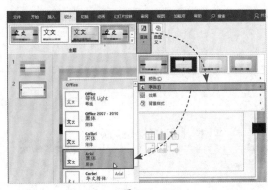

图1-34   图1-35

2. 修改主题颜色

用户若想修改主题颜色，可以在"设计"选项卡的"变体"选项组中选择一款满意的颜色，如图1-36所示。也可以按照上述方法，在"变体"选项组的"其他"下拉列表中选择"颜色"选项，并在其级联菜单中选择颜色即可，如图1-37所示。

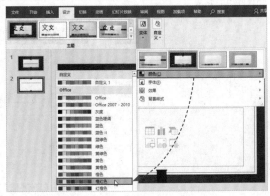

图1-36   图1-37

3. 修改主题背景

在"变体"选项组中单击"其他"下拉按钮，选择"背景样式"选项，在打开的级联菜单中选择背景样式，如图1-38所示。在级联菜单中选择"设置背景格式"选项，在打开的"设置背景格式"窗格中可以对背景样式进行详细的设置，如图1-39所示。

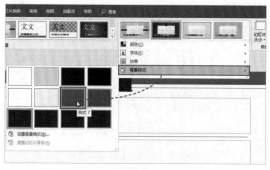

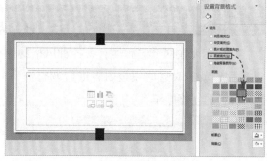

| 图1-38 | 图1-39 |

■1.5.3　保存并应用主题

主题样式设置完成后，为了方便后期直接调用，可将主题进行保存操作。在"设计"选项卡的"主题"样式列表中选择"保存当前主题"选项。在"保存当前主题"对话框中设置保存路径及文件名，单击"保存"按钮即可，如图1-40所示。

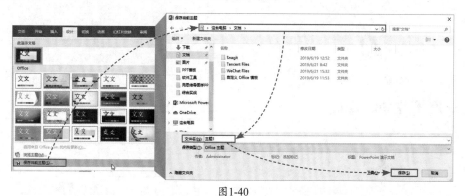

图1-40

以后调用时只需在"主题"样式列表中选择"浏览主题"选项，在打开的对话框中选择保存的主题文档，如图1-41所示，单击"应用"按钮即可调用保存的主题。

图1-41

Ⓟ 综合实战

1.6 制作年度工作总结PPT模板

PPT模板在网上应有尽有，各种风格的模板都能够下载得到。为了能够让下载的模板为自己所用，就需对这些模板内容进行调整。下面将以"制作年度工作总结模板"为例，来介绍PPT模板的创建操作。

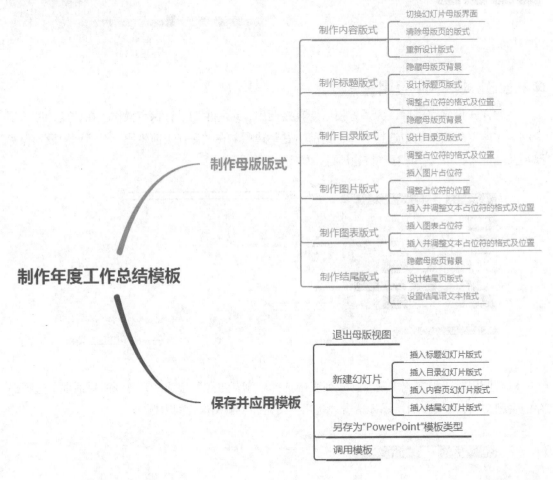

■1.6.1 制作内容版式

下载模板后发现，虽说模板的颜色、风格搭配得都很漂亮，但唯独里面的内容版式不是自己所需要的，这时就需要自行调整页面版式。

Step 01 启动幻灯片母版界面。 打开"工作总结报告"原始文件，在"视图"选项卡中单击"幻灯片母版"按钮，如图1-42所示。打开幻灯片母版界面，如图1-43所示。

扫码观看视频

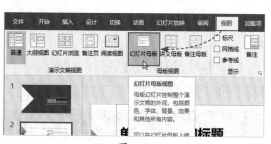

图1-42

图1-43

Step 02 **插入新的幻灯片母版**。在"幻灯片母版"选项卡中单击"插入幻灯片母版"按钮，此时在左侧的浏览窗格中会新建一个母版组，如图1-44所示。

Step 03 **清除所有版式**。在新建的母版组中选择其母版幻灯片，在编辑区中框选所有内容，按Delete键将其删除，如图1-45所示。

图1-44

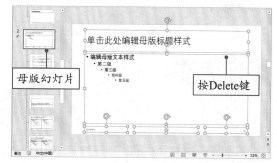

图1-45

● **新手误区：**网上下载的PPT模板，其母版视图中的幻灯片版式几乎都比较混乱。建议在调整时新建一组母版幻灯片，这样便于后期的管理与编辑。

Step 04 **启动"矩形"形状命令**。切换到"插入"选项卡，在"插图"选项组中单击"形状"下拉按钮，选择"矩形"选项，如图1-46所示。

Step 05 **绘制矩形形状**。当光标呈十字形时，在当前幻灯片页面中指定好插入点，按住鼠标左键不放，拖动鼠标至满意位置，如图1-47所示。放开鼠标，完成矩形的绘制。

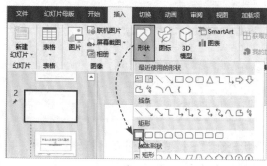

图1-46

图1-47

Step 06 **设置矩形填充样式。**选中绘制好的矩形，在"绘图工具-格式"选项卡中单击"形状填充"下拉按钮，选择"无填充"选项，如图1-48所示。

Step 07 **设置矩形轮廓样式。**选中矩形，在"绘图工具-格式"选项卡中单击"形状轮廓"下拉按钮，在"主题颜色"选项中选择一款满意的颜色，如图1-49所示。

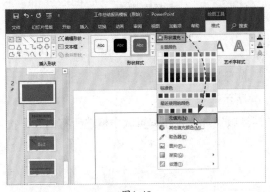
图1-48

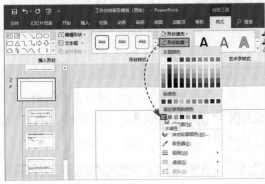
图1-49

知识拓展

如果在"主题颜色"中找不到满意的颜色，可以在"其他轮廓颜色"选项中进行设置。选择该选项，在"颜色"对话框中根据需要选择颜色即可。该对话框有两个选项卡，分别为"标准"选项卡和"自定义"选项卡，如图1-50和图1-51所示。"标准"选项卡提供了多种标准色，其范围较局限；而"自定义"选项卡可以自行设计颜色，选择范围比较广。相对来说，"自定义"选项卡的使用率较高。

图1-50

图1-51

Step 08 **设置边框粗细值。**选择该矩形，单击"形状轮廓"下拉按钮，选择"粗细"选项，并在其级联菜单中选择2.25磅，将边框线加粗显示，如图1-52所示。

Step 09 **添加文本框。** 在"插入"选项卡的"文本"选项组中单击"文本框"下拉按钮，选择"绘制横排文本框"选项，按住鼠标左键不放，将其拖至满意的位置，完成文本框的添加操作，如图1-53所示。

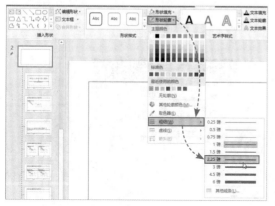

图1-52

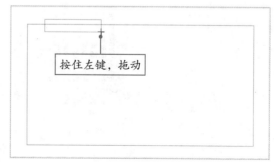

图1-53

Step 10 **设置文本框底色。** 选中文本框，同样在"绘图工具-格式"选项卡中单击"形状填充"下拉按钮，在"主题颜色"选项中选择"白色"，完成文本框底色的设置操作，如图1-54所示。

Step 11 **复制文本框，输入文本内容。** 选中文本框，按Ctrl键的同时将文本框拖至边框右下角合适位置，复制文本框。双击文本框，输入文字内容，如图1-55所示。

图1-54

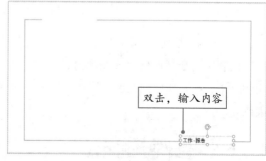

图1-55

Step 12 **设置文本格式。** 选中文本框中的文字，在"开始"选项卡的"字体"选项组中，根据需要设置文字的字体、字号和颜色，如图1-56所示。

Step 13 **设置文本对齐方式。** 选中文本框中的文字，在"开始"选项卡的"段落"选项组中单击"居中"按钮，或者按组合键Ctrl+E将文字居中对齐，如图1-57所示。

Step 14 **添加箭头形状。** 为了丰富页面，可以适当地增加一些装饰元素。在"插入"选项卡中单击"形状"下拉按钮，选择一款满意的箭头形状，绘制箭头。然后对其颜色进行调整，具体的操作方法与绘制矩形相同，这里就不再赘述了，如图1-58所示。

Step 15 **复制箭头，旋转箭头**。选中箭头，按Ctrl键的同时拖动鼠标至满意位置，即可复制箭头形状。单击箭头上方的旋转图标 ↻，按住鼠标左键不放，即可旋转箭头，如图1-59所示。

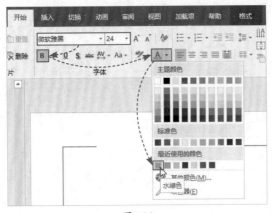

图1-56

图1-57

图1-58

图1-59

内容版式全部制作完成。此时，母版幻灯片下方所有版式的幻灯片都会显示相同的版式。说明一下，本操作中涉及了"形状"功能的操作，而有关该功能的介绍会在本书第3章中进行详细阐述。

■1.6.2 制作标题版式

内容版式制作完成后，接下来就需要制作标题版式。用户在使用母版视图制作时，记住要勾选"隐藏背景图形"选项，否则做出来的效果会不尽如人意。

扫码观看视频

Step 01 **隐藏背景图形**。在母版视图界面中的预览窗格中，选择新建的母版组下方的"标题幻灯片 版式"幻灯片，在"幻灯片母版"选项卡的"背景"选项组中勾选"隐藏背景图形"选项，如图1-60所示。

Step 02 **选中并复制图形**。在预览窗格中，选中原始母版组中的"标题和内容 版式"幻灯片。在编辑区中选中要复制的图形，按组合键Ctrl+C复制图形，如图1-61所示。

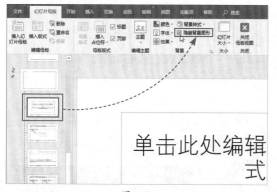

图1-60

图1-61

Step 03 **粘贴图形。** 在预览窗格中，选中新建母版组中的"标题幻灯片 版式"幻灯片。在编辑区中按组合键Ctrl+V粘贴图形，此时会发现系统会随机变换图形的颜色，如图1-62所示。

Step 04 **调整图形颜色。** 选中所需图形，在"形状填充"下拉列表中选择满意的颜色，可以调整图形的颜色，如图1-63所示。

图1-62

图1-63

Step 05 **调整三角形大小。** 目前来说，这些三角形摆放得有些呆板，用户可以通过调整其大小，以突破图形呆板的状况。选中三角形的任意一个控制点，按住Ctrl键的同时，拖动该控制点到合适位置，即可调整三角形的大小，如图1-64所示。按照同样的操作方法，调整其他图形的大小及位置，如图1-65所示。

图1-64

图1-65

23

Step 06 **添加页面装饰。** 使用Ctrl键复制当前幻灯片中任意一组图形至满意位置，并调整其大小，然后将图形进行适当旋转，从而丰富标题幻灯片的页面，结果如图1-66所示。

Step 07 **隐藏页脚占位符。** 在"幻灯片母版"选项卡的"母版版式"选项组中，取消勾选"页脚"复选框，即可隐藏幻灯片中的页脚占位符，如图1-67所示。

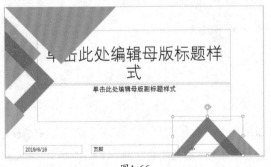

图1-66

图1-67

知识拓展

　　用户在设计页面装饰时，一定要统一风格。例如，装饰图形以三角形为主，那么在搭配其他图形时，最好也以三角形或菱形为主。切勿搭配圆形或弧形，否则会直接影响到页面版式的整体效果。

Step 08 **设置标题文字格式。** 选中标题占位符，在"开始"选项卡的"字体"选项组中设置其字体、字号及颜色，并将其移至页面右侧的合适位置，如图1-68所示。

　　标题版式制作完毕。在制作该母版版式时，用户可以对标题占位符的格式进行设置，当然也可以将其隐藏不设置，这取决于用户的使用习惯。

图1-68

■1.6.3 制作目录版式

　　下面就来制作目录版式。目录版式的制作方法与标题版式相似。这里着重介绍文本占位符的使用方法。

Step 01 **隐藏背景图形并绘制调整三角形。** 在新母版组中选择"标题和内容 版式"幻灯片，勾选"隐藏背景图形"复选框，隐藏背景图。在当前幻灯片中绘制、复制三角形，并调整其大小、方向、颜色等，结果如图1-69所示。

Step 02 **删除标题和内容占位符。** 选中当前幻灯片中所有的占位符，按Delete键将其删除，如图1-70所示。

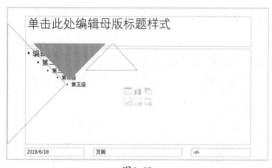

图1-69

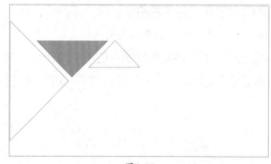

图1-70

Step 03 **插入标题文本框。** 在 "插入" 选项卡中单击 "文本框" 下拉按钮，选择 "绘制横排文本框" 选项，在幻灯片的合适位置绘制文本框，输入内容并设置好文本格式，如图1-71所示。

Step 04 **选择文本占位符。** 在 "幻灯片母版" 选项卡中单击 "插入占位符" 下拉按钮，选择 "文本" 选项，如图1-72所示。

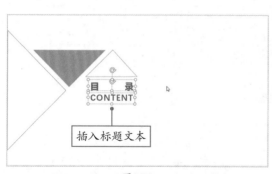

图1-71

图1-72

Step 05 **插入文本占位符。** 在当前幻灯片右侧的合适位置按住鼠标左键不放，拖动鼠标至满意位置，放开鼠标完成文本占位符的插入操作，如图1-73所示。

Step 06 **修改占位符内容。** 选中文本占位符，删除多余的级别内容。修改占位符内容，如图1-74所示。

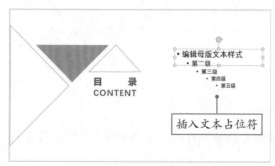

图1-73

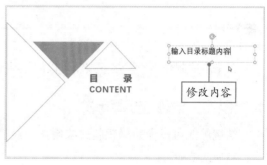

图1-74

25

Step 07 **设置占位符格式。** 选中占位符，在"开始"选项卡的"字体"选项组中设置文字的字体、字号及颜色，如图1-75所示。

Step 08 **插入并设置其他占位符。** 使用组合键Ctrl+C和Ctrl+V复制和粘贴设置好的占位符，从而完成其他目录标题占位符，如图1-76所示。

图1-75

图1-76

知识拓展

　　PPT中的占位符种类很多，有文本占位符、内容占位符、图片占位符、图表占位符、媒体占位符等。简单地说，占位符就是占位用的。它与文本框的区别就是，占位符是版式内置的，而文本框则需要自己手动添加。通常占位符中可以没有内容，但文本框不能没有内容。

Step 09 **插入并设置箭头图标。** 使用"形状"工具插入箭头图标，并将其复制到占位符前方的合适位置。调整好箭头图标的轮廓和颜色，如图1-77所示。

图1-77

● **新手误区：** 在母版视图中，除了首张母版页无法使用占位符外，其余版式页均可使用各类占位符。

　　目录版式制作完毕。接下来就可以制作结尾版式了。

■1.6.4　制作结尾版式

　　结尾版式可以参照标题版式来制作。最简单的方法就是将标题版式中所有的元素复制过来，稍加调整即可。

Step 01 隐藏并删除版式内容。 在新母版组中选择"节标题 版式"幻灯片，勾选"隐藏背景图形"复选框，隐藏原内容版式。全选该页面中所有的占位符，按Delete键将其删除，如图1-78所示。

Step 02 复制标题版式，并进行调整。 将制作好的标题版式复制到该幻灯片中，然后对版式稍加调整，结果如图1-79所示。需要注意的是，在调整时无论是修改颜色还是添加图形元素，其风格一定要与标题版式的风格统一。

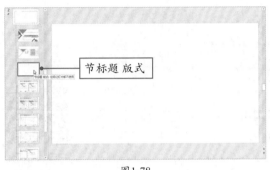

图1-78

图1-79

Step 03 添加结尾语内容。 在"插入"选项卡中单击"文本框"下拉按钮，选择"绘制横排文本框"选项，添加文本框，并输入结尾语文本。然后对其文本的格式进行设置，如字体、字号、颜色和对齐方式，结果如图1-80所示。

图1-80

文本格式具体的设置方法会在第2章进行详细的介绍。

年度工作报告所有版式都已制作完毕。为了方便后期幻灯片的制作，在此可以将原始母版组删除。在母版视图的预览窗格中，选中原母版组的首张母版幻灯片，右击，选择"删除母版"选项，如图1-81所示，可以删除整组母版版式，此时新建的母版组将保留下来，如图1-82所示。

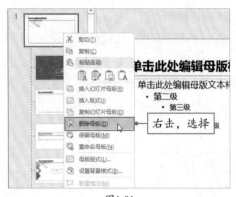

图1-81

图1-82

■ 1.6.5 另存为PPT模板格式

扫码观看视频

将做好的版式保存成模板后，可以方便以后调用，从而避免重复制作的麻烦，节省了时间，提高了工作效率。

Step 01 **关闭母版视图**。所有版式制作完毕后，在"幻灯片母版"选项卡中单击"关闭母版视图"按钮，如图1-83所示。此时，系统将自动切换到PPT普通视图界面，如图1-84所示。

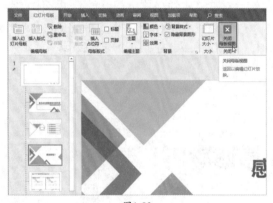

图1-83

图1-84

● **新手误区**：虽然在母版视图中删除了原有版式，但它不会对普通视图有任何影响，从而导致普通视图中的幻灯片版式非常混乱。在此需要将原有幻灯片统一删除。

Step 02 **删除所有幻灯片**。在普通视图的预览窗格中，选择第一张幻灯片，按住Shift键再选择最后一张幻灯片即可选中所有的幻灯片。右击，选择"删除幻灯片"选项，如图1-85所示，删除所有幻灯片，结果如图1-86所示。

Step 03 **插入标题幻灯片**。在"开始"选项卡的"幻灯片"选项组中单击"新建幻灯片"下拉按钮，选择制作好的标题幻灯片，如图1-87所示。此时标题幻灯片已插入至预览窗格，并完整地显示在当前的编辑区中，如图1-88所示。

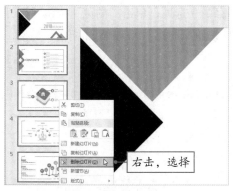

图1-85

图1-86

图1-87

图1-88

Step 04 **插入其他幻灯片。** 按照同样的方法，在"新建幻灯片"下拉列表中选择其他的幻灯片进行插入，如图1-89所示。

图1-89

知识拓展

当插入幻灯片后，会发现在这些幻灯片中，除了占位符可以选中进行编辑外，其他的版式元素都无法被选中。这样在很大程度上保证了幻灯片版式不会在后期编辑时被误操作。

Step 05 **设置保存类型。**在"文件"选项卡中选择"另存为"选项,单击"浏览"按钮即可打开"另存为"对话框。在对话框中单击"保存类型"下拉按钮,选择"PowerPoint模板"类型,如图1-90所示。

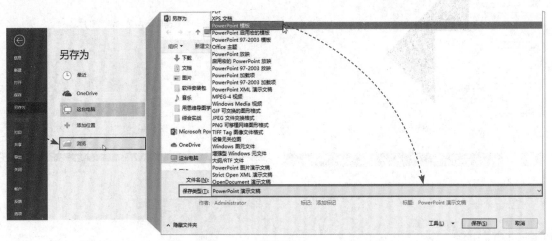

图1-90

Step 06 **查看保存的模板。**设置好保存类型后,确定文件名,文件保存路径为默认,单击"保存"按钮完成保存操作。当下次调用时,只需启动PPT软件,在打开的主题模板界面中单击"个人"链接,在打开的界面中会显示保存的模板文件,如图1-91所示。

Step 07 **打开模板。**单击模板文件,在打开的"创建"窗口中单击"创建"按钮,即可打开该模板文件,如图1-92所示。

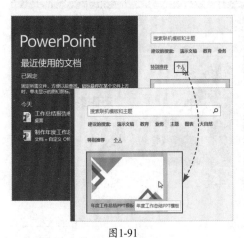

图1-91

图1-92

至此,年度工作报告模板全部制作完成。

通过对本章内容的学习，相信大家应该对PPT的结构和PPT的基本操作有了大概的了解。为了巩固本章的知识内容，大家可以根据以下的思维导图制作一份教育类的PPT模板，其版式风格不限。

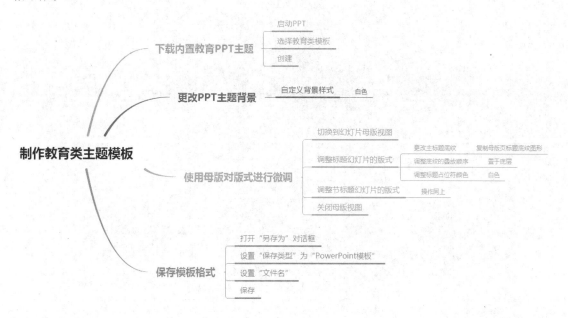

上述思维导图仅为常规方法，大家若有更好的方法，可以自行绘制思维导图，并根据导图来制作PPT。

ℕ𝕆𝕋𝔼

第2章

一直被忽略的
PPT 文字设计

打开输入法便可在PPT中输入文本，这还用学吗？其实仅凭这句话，就能看出你与别人的差距了。很多时候输入的同样是文字，为什么别人的文字那么赏心悦目，而自己的却是那么的简陋呢？本章将从三个方面来解答这个问题，希望对你有所帮助。

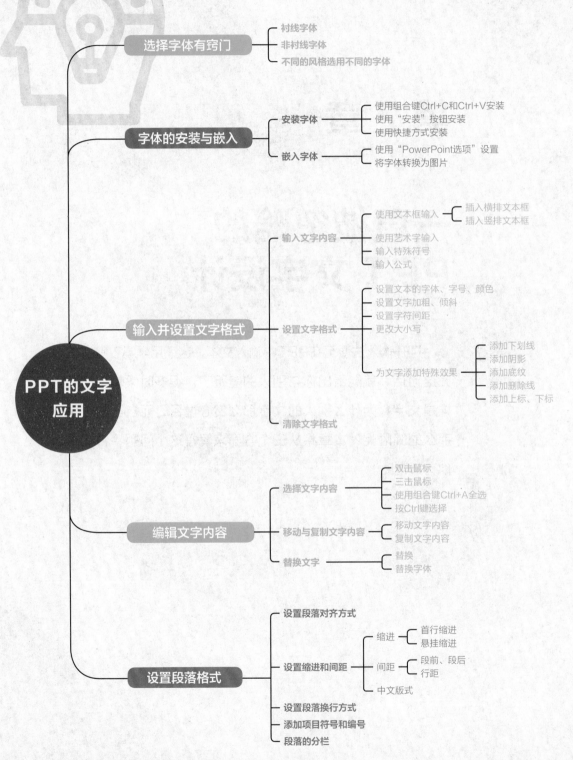

选择字体有窍门
- 衬线字体
- 非衬线字体
- 不同的风格选用不同的字体

字体的安装与嵌入
- 安装字体
  - 使用组合键Ctrl+C和Ctrl+V安装
  - 使用"安装"按钮安装
  - 使用快捷方式安装
- 嵌入字体
  - 使用"PowerPoint选项"设置
  - 将字体转换为图片

PPT的文字应用

输入并设置文字格式
- 输入文字内容
  - 使用文本框输入
    - 插入横排文本框
    - 插入竖排文本框
  - 使用艺术字输入
  - 输入特殊符号
  - 输入公式
- 设置文字格式
  - 设置文本的字体、字号、颜色
  - 设置文字加粗、倾斜
  - 设置字符间距
  - 更改大小写
  - 为文字添加特殊效果
    - 添加下划线
    - 添加阴影
    - 添加底纹
    - 添加删除线
    - 添加上标、下标
- 清除文字格式

编辑文字内容
- 选择文字内容
  - 双击鼠标
  - 三击鼠标
  - 使用组合键Ctrl+A全选
  - 按Ctrl键选择
- 移动与复制文字内容
  - 移动文字内容
  - 复制文字内容
- 替换文字
  - 替换
  - 替换字体

设置段落格式
- 设置段落对齐方式
- 设置缩进和间距
  - 缩进
    - 首行缩进
    - 悬挂缩进
  - 间距
    - 段前、段后
    - 行距
  - 中文版式
- 设置段落换行方式
- 添加项目符号和编号
- 段落的分栏

ⓟ 知识速记

2.1 字体的选择

　　每种字体都有着独特的气质，如黑体常给人以饱满、刚劲有力的感受；而宋体则给人以纤细、温文尔雅的感受。所以，什么样的风格配什么样的字体是有讲究的。那种千篇一律都使用"宋体"的时代已经过去了。

■2.1.1　衬线字体

　　所谓衬线字体，就是在笔画开始和结束位置有额外的修饰，笔画粗细不一。例如，"宋体"就是标准的衬线字体，如图2-1所示。

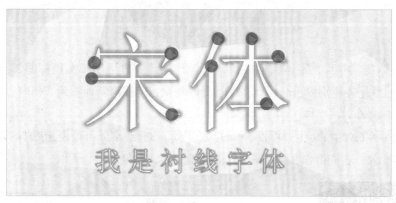

图2-1

　　衬线字体强调了横竖笔画的对比，易读性比较高。对于阅读型PPT来说，使用衬线字体作为正文字体是最为合适的。但对于讲演型PPT来说，正文内容使用衬线字体就不太合适了。因为观众在远处观看PPT时，其横线会被弱化，识别度下降，会导致远处观众看不清。所以，在使用时需要根据PPT的使用类型来选择相应的字体。

　　衬线字体在PPT中的应用如图2-2和图2-3所示。无论是古风还是小清新风格的PPT，搭配上各种类型的衬线字体，无疑最合适不过了。

图2-2

图2-3

■2.1.2 非衬线字体

与衬线字体相比，非衬线字体没有额外的修饰，笔画起末粗细一致。例如，"黑体"就是标准的非衬线字体，如图2-4所示。

图2-4

无衬线字体比较醒目，字体大方简约，有设计感，一般适用于文档标题、海报等。对于PPT来说，非衬线字体识别性很高，就算在远处的观众也能够清晰地看到文档内容。所以，PPT正文内容最好选择非衬线字体。

非衬线字体在PPT中的应用如图2-5和图2-6所示。非衬线字体可以说是PPT的通用字体，无论是用于政府会议、咨询报告、学术研讨还是企业宣传，都能够轻松驾驭。

图2-5

图2-6

■2.1.3 安装字体

默认情况下，系统自带的字体无法满足用户需求时，可以自行安装其他字体。安装字体的方法有多种，其中，"复制"和"粘贴"的方法是最便捷的。

● **新手误区：** 字体是有版权的，请用户在使用前务必了解一下该字体是否为免费字体，如果不是免费的，最好主动联系字体开发商进行购买。目前，免费商用的字体有思源部分字体（思源黑体、思源宋体、思源柔黑等）；方正部分字体（方正黑体、方正书宋、方正仿宋、方正楷体）；站酷部分字体（站酷高端黑、站酷庆科黄油体、站酷快乐体）；文鼎部分字体（文鼎中楷、文鼎报宋简）等。

首先打开所需安装的字体文件，按组合键Ctrl+C进行复制操作，然后根据路径（C：\Windows\）找到Fonts文件夹，将其打开后按组合键Ctrl+V，将复制的字体进行粘贴即可，如图2-7所示。

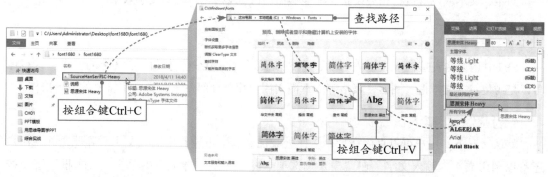

图2-7

2.1.4　嵌入字体

在给其他人分享自己的PPT文稿时，发现PPT中的字体变了样。这种情况是因为别人的计算机中没有安装与之相应的字体。为了避免这种情况发生，用户在保存文件时需要进行字体嵌入的操作。

在"PowerPoint选项"对话框中选择"保存"选项卡，在右侧界面中勾选"将字体嵌入文件"复选框，单击"确定"按钮即可，如图2-8所示。

以上的操作可以保证当前PPT在其他计算机上播放时，字体能够正常显示，但不能修改。一旦修改，很可能又会出现字体变形的状况。

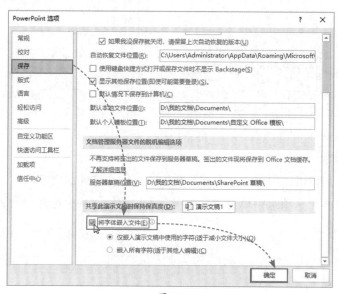

图2-8

2.2 文字内容的输入与设置

对于文字的编辑并非像将文字输入到幻灯片中那么简单，用户需要对文字的字体、字号、字符间距、文本颜色等进行相关设置，才能做出与PPT风格相匹配的文字效果。

■2.2.1 输入文字

PPT中是无法直接输入文字内容的，它必须要通过一个载体才能实现文字的输入。该载体可以是占位符、文本框、图形、表格等。下面向用户简单介绍一下各类文字符号的输入操作。

1. 利用文本框输入

默认情况下，用户可以直接在"单击此处添加文本"占位符中输入文字。除此之外，用户还可以利用文本框输入文字。在"插入"选项卡的"文本"选项组中单击"文本框"下拉按钮，选择"绘制横排文本框"选项，绘制文本框即可输入文字，如图2-9所示。

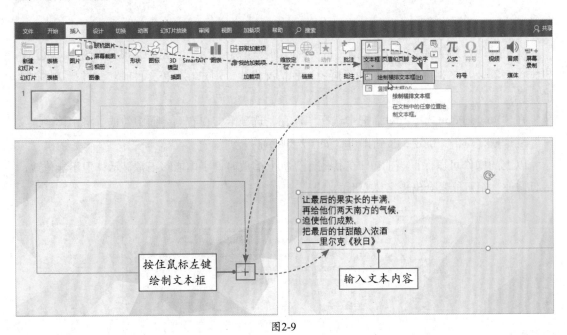

图2-9

2. 利用艺术字输入

在幻灯片中，用户可以利用"艺术字"功能输入带有格式的文字内容。同样地，在"插入"选项卡的"文本"选项组中单击"艺术字"下拉按钮，从中选择一款满意的样式即可输入，如图2-10所示。

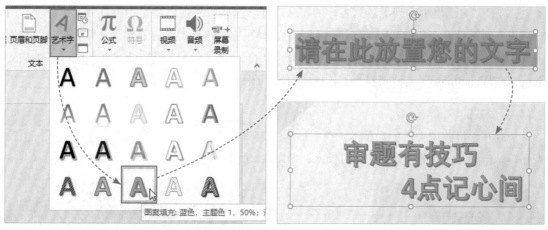

图2-10

知识拓展

　　插入艺术字后，用户如果对该样式不满意，还可以对其样式进行调整。选中艺术字的文本框，在"绘图工具–格式"选项卡的"艺术字样式"选项组中，根据需要对"文本填充""文本轮廓"和"文本效果"选项进行设置即可。

3．特殊符号的输入

　　在工作中常常需要在内容中添加一些特殊符号，如小图标、数字符号等。那么，如何输入这些符号呢？方法很简单，在文本框中指定好符号的插入点，在"插入"选项卡的"符号"选项组中单击"符号"按钮，在打开的"符号"对话框中选择满意的符号即可，如图2-11所示。

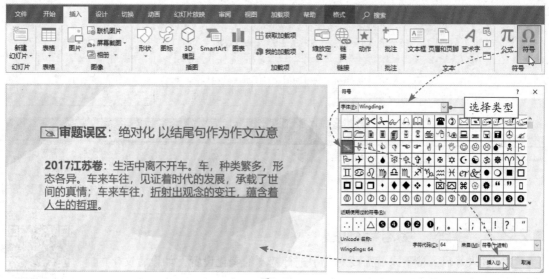

图2-11

"符号"对话框中罗列了各式各样的符号图样,这些符号足以满足用户日常工作需求。用户可以在对话框左上角的"字体"下拉列表中选择相应的符号类型。通常,"普通文本"类型罗列了一些"上标和下标""货币符号""数学运算符""箭头符号"等,而"Wingdings""Wingdings2""Wingdings3"类型则罗列了各种样式的小图标。

4. 公式的输入

想要在幻灯片中输入公式符号,在"插入"选项卡的"符号"选项组中单击"公式"下拉按钮,从中选择适合的公式模块即可插入,如图2-12所示。

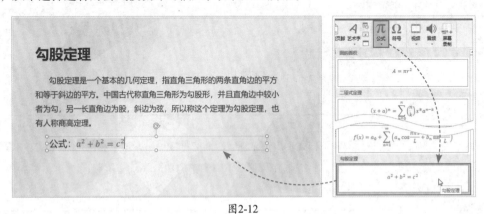

图2-12

插入公式后,用户可以利用"公式工具-设计"选项卡对现有的公式进行编辑。用户也可以在"公式"列表中选择"插入新公式"选项,进入"公式工具-设计"选项卡界面。在此根据需求选择相应的公式符号,创建新公式,如图2-13所示。

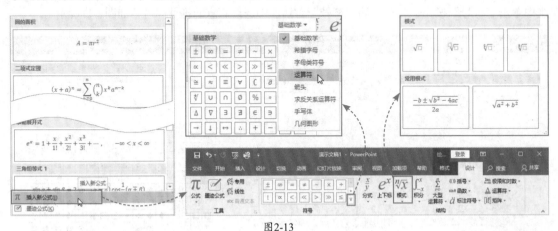

图2-13

■2.2.2 字体、字号与颜色

文字输入好后,接下来就需要对文字进行基本的美化设置,如设置文字的字体、大小、颜色等。选中所需文字,在"开始"选项卡的"字体"选项组中

扫码观看视频

根据需要选择相应的设置项即可，如图2-14所示。

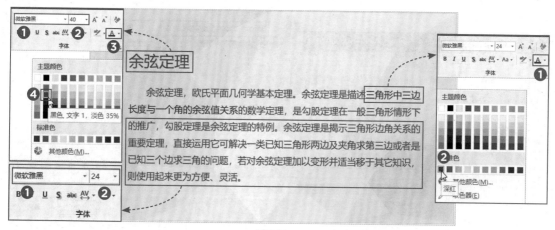

图2-14

知识拓展

除了在"字体"选项组中进行设置外，还可以使用悬浮工具栏进行设置。选中所需内容，在光标右上方即会显示悬浮工具栏，在该工具栏中用户同样可以对文字的字体、字号、颜色和其他格式进行设置。

2.2.3　字符间距

当幻灯片中的文本显得过于紧密或过于稀疏时，会影响幻灯片的整体美感，用户需要对文本的字符间距进行调整。如图2-15所示的是字符间距为默认值的效果，如图2-16所示的是字符间距为"加宽3磅"的设置效果。

扫码观看视频

图2-15

图2-16

选中文字，单击"字符间距"下拉按钮，从中选择间距项即可。用户也可以在列表中选择"其他间距"选项，在打开的对话框中可以自定义间距值，如图2-17所示。

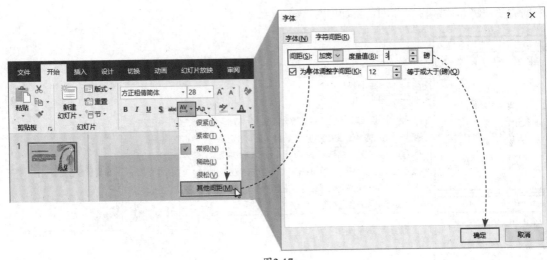

图2-17

■2.2.4 首字母大写

当需要在幻灯片中输入大量英文文本时，常常需要将输入法在大小写之间来回切换。为了避免麻烦，用户可以通过设置选项解决首字母大写的问题。选中所需文本，在"开始"选项卡的"字体"选项组中单击"更改大小写"下拉按钮，从中选择"句首字母大写"选项即可，如图2-18所示。

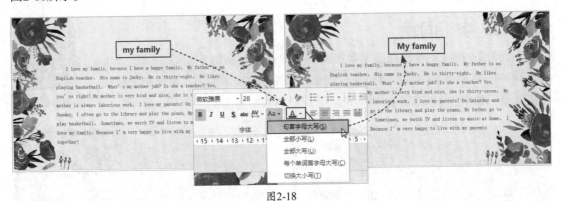

图2-18

■2.2.5 为文字添加特殊效果

在"字体"选项组中，除了为文字设置字体、字号、颜色等基本的格式外，还可以为其添加一些特殊效果。例如，加粗文字、倾斜文字、添加文字下划线等，如图2-19所示。单击"字体"选项组右侧的小箭头，可以打开"字体"对话框，从中可以对这些效果项进行详细的设置，如图2-20所示。

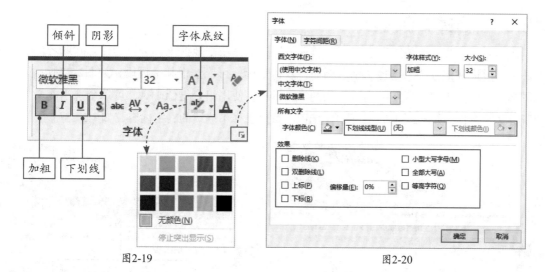

图2-19   图2-20

在"字体"选项组中，除了单击"字号"按钮选择字体大小外，还可以单击"增加字号"和"减小字号"按钮，对字体的大小进行微调。

■ 2.2.6　清除文字格式

如果想重新设置字体格式，可以在"字体"选项组中单击"清除所有格式"按钮，即可清除当前被选文字的所有格式，使其恢复到初始状态，如图2-21所示。

图2-21

2.3 文字内容的编辑

熟练地掌握文本的编辑技巧可以将工作化繁为简。下面将介绍一些文字编辑的小技巧，用户可以将其运用到日常工作中，提高办公效率。

■2.3.1　选择文字内容

在幻灯片中要选择某段文字内容，通常是按住鼠标左键拖拽鼠标进行选择。除此之外，用户还可以通过其他方法来选择文字。例如，双击鼠标，可以选中某个词语，如图2-22所示；三击鼠标，可以选中整个段落的内容，如图2-23所示；使用组合键Ctrl+A，可以全选当前文本框中所有文字内容，如图2-24所示；配合Ctrl键，可以选择不连续的文字内容，如图2-25所示。

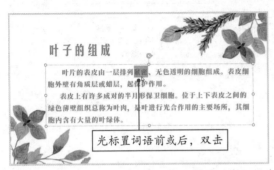

图2-22　　　　　　　　　　　　　　图2-23

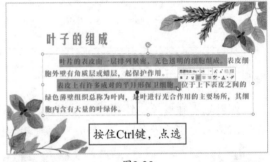

图2-24　　　　　　　　　　　　　　图2-25

■2.3.2　移动和复制文字内容

想要移动文字内容，只需选中所需文字，按住鼠标左键，将其拖拽至合适位置即可移动文字。而想要复制文字内容，同样选中文字，按Ctrl键的同时，按住鼠标左键将其拖拽到新位置即可完成复制操作。当然，移动和复制文字的方法有很多，而以上方法则是最便捷的方法。

■2.3.3　替换文字

当幻灯片中出现大量的错误数据时，逐一查找再修改，不仅耗费精力而且容易遗漏，这时用户可以利用"替换"功能完美解决这一问题。

如图2-26所示的幻灯片中多处出现了"侨"字，现需要将"侨"批量更改为"桥"，就如图2-27所示的设置结果，该如何操作？简单。在"开始"选项卡的"编辑"选项组中单击"替换"按钮，在打开的"替换"对话框中将"查找内容"设为

扫码观看视频

"侨"，然后将"替换为"设为"桥"，单击"全部替换"按钮，在打开的提示对话框中会显示被替换的个数，单击"确定"按钮即可完成替换操作，如图2-28所示。

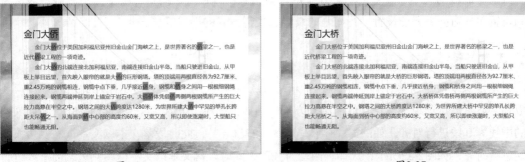

图2-26　　　　　　　　　　　　　　图2-27

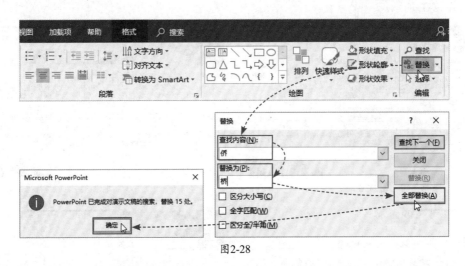

图2-28

以上介绍的是如何批量替换有误的文字或数据。那么如果要替换整个PPT中的文字字体，例如，原字体为"楷体"，现在想将其替换成"黑体"，该如何操作？具体操作如图2-29所示。

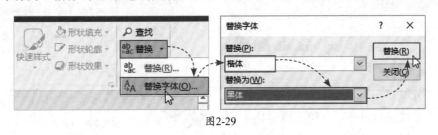

图2-29

●**新手误区：**对以上操作方法也许会有人质疑："设置字体，就直接将其选中，更改字体就好，何必这么麻烦？"这么说吧，PPT如果只有1张幻灯片，那么直接更改字体是最方便的。而PPT常常会有多张幻灯片，有时甚至达到30、40页，这样一页页地改下去，是不是也太麻烦了点！

2.4 段落的设置

段落即成段的文本，设置好幻灯片中的段落格式可以使整个幻灯片看上去更顺眼，段落格式的设置包括对齐方式的设置、行间距的设置、换行方式的设置等。

■2.4.1 设置对齐方式

无论是文字还是段落，其默认的对齐方式都是左对齐，如图2-30所示。除此之外，用户还可以在"段落"选项组中设置其他的对齐方式。例如，选择"居中"对齐，此时段落文本以文本框的中线为基线进行对齐，如图2-31所示；选择"右对齐"，此时段落文本以文本框右侧边线为基线进行对齐，如图2-32所示；选择"两端对齐"，此时段落文本以文本框两侧边线为基线进行对齐，如图2-33所示。

图2-30

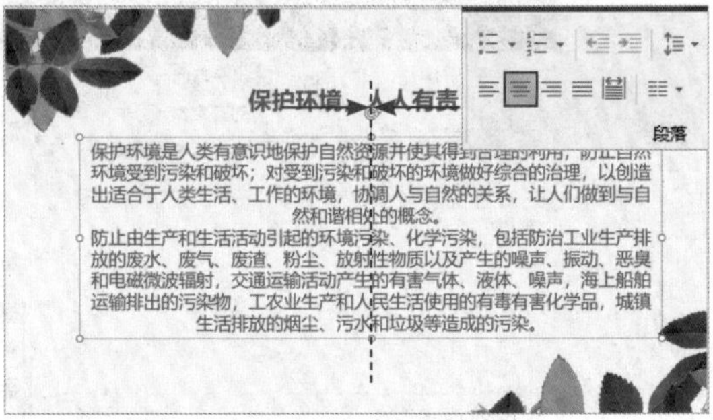

图2-31

图2-32

图2-33

选择"分散对齐"，此时段落文本以上一行的长度为基线进行对齐。它与"两端对齐"的排版方式不同。"分散对齐"主要实现单行的对齐效果，如图2-34所示。而"两端对齐"主要实现多行的对齐效果。

图2-34

■2.4.2　设置行间距

若文本框中包含若干行或段落，设置合理的行间距不仅利于阅读，也可以使幻灯片看上去更美观大方。

如图2-35所示的是默认行距效果，而如图2-36所示的是1.5倍行距效果。具体设置方法为：选中文本框，在"开始"选项卡的"段落"选项组中单击"行距"下拉按钮，选择合适的行距值即可。当然，用户也可以在列表中选择"行距选项"选项，在打开的对话框中自定义行距参数，如图2-37所示。

图2-35

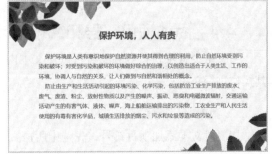

图2-36

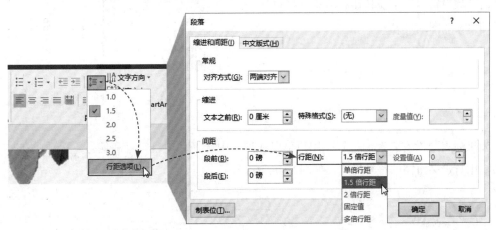

图2-37

■2.4.3　设置换行方式

默认情况下，文本框中的文本会根据文本框的大小自动换行，用户可以通过设置修改文本的换行方式。

选中文本框，右击，在快捷菜单中选择"设置文字效果格式"选项，在"设置形状格式"窗格的"大小与属性"选项卡中，取消勾选"形状中的文字自动换行"复选框即可，如图2-38所示。此时被选中的文本框会以一行显示，并溢出编辑区。将光标放置在需要换行的位置，按Enter键则会实现手动换行。

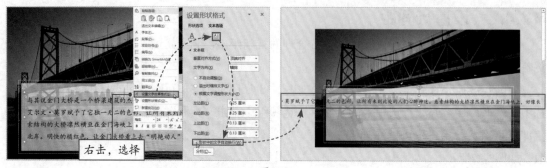

图2-38

■2.4.4 添加项目符号和编号

为文本设置项目符号和编号可以使文本内容条理清晰、层次分明，便于阅读。下面简单对其操作进行介绍。

1．添加项目符号

想要对文本添加项目符号，先选中所需文本内容，在"开始"选项卡的"段落"选项组中单击"项目符号"下拉按钮，从中选择符号样式即可，如图2-39所示。

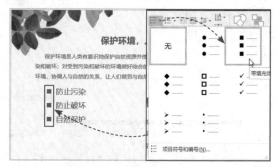

图2-39

如果列表中没有满意的符号，用户可以在列表中选择"项目符号和编号"选项，在打开的对话框中自定义所需的符号样式，如图2-40所示。

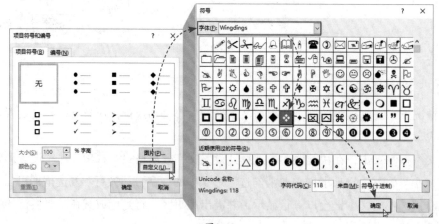

图2-40

2．添加编号

编号的添加与项目符号的添加方法相似，同样选中所需文本，在"开始"选项卡的"段落"选项组中单击"编号"下拉按钮，从中选择编号样式即可，如图2-41所示。

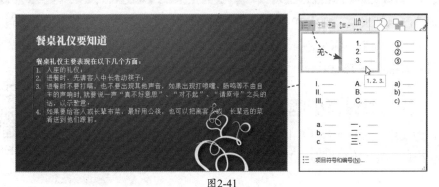

图2-41

■2.4.5　段落的分栏

在幻灯片中也可以实现文字的排版，将文本进行分栏显示就属于文本排版的一种方式。选中所需分栏的文本框，在"开始"选项卡的"段落"选项组中单击"添加或删除栏"下拉按钮，选择所需栏数即可，如图2-42所示。若用户认为两栏之间的间距不合适，可以通过"栏"对话框进行设置，其操作如图2-43所示。

图2-42

图2-43

Ⓟ 综合实战

2.5 制作考前数学强化训练PPT课件

对于理工科老师来说，制作PPT课件可能是他们比较头痛的事，因为课件里会包含各式各样的公式与符号。如果不懂得制作窍门，制作过程会相当麻烦。本案例将以制作数学课件为例，来介绍公式输入的方法和技巧，以帮助用户提高制作效率。

■ 2.5.1 输入并设置标题文本

对于标题文本，使用非衬线字体的比较多，如黑体、微软雅黑、方正系列的黑体等。当然，具体也要根据PPT内容及风格来定。

扫码观看视频

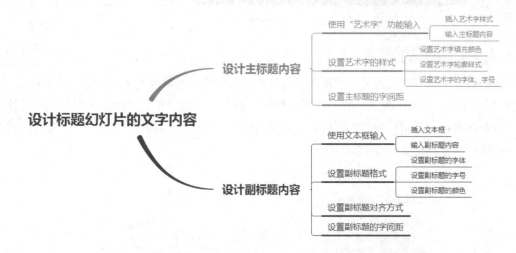

Step 01 启动"艺术字"功能。 打开本书配套素材"制作数学高考强化训练课件"原始文件。在预览窗格中，选择首页（标题）幻灯片。在"插入"选项卡的"文本"选项组中单击"艺术字"下拉按钮，选择满意的艺术字样式，如图2-44所示。

Step 02 输入标题内容。 选中默认插入的艺术字内容，将其修改为所需的标题文字内容，如图2-45所示。

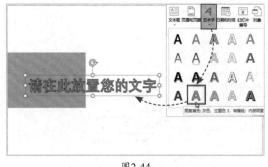

图2-44

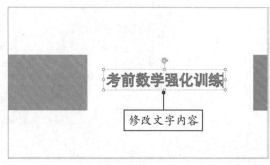

图2-45

Step 03 设置艺术字填充颜色。选中输入的标题内容，在"绘图工具-格式"选项卡的"艺术字样式"选项组中单击"文本填充"下拉按钮，选择一款满意的文本颜色，如图2-46所示。

Step 04 设置艺术字轮廓样式。在"绘图工具-格式"选项卡的"艺术字样式"选项组中单击"文本轮廓"下拉按钮，选择"无轮廓"选项，如图2-47所示。

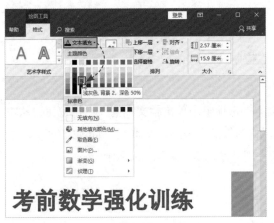

图2-46

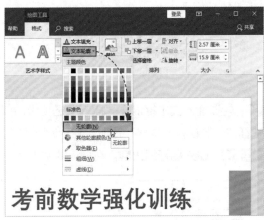

图2-47

Step 05 设置标题字体和字号。在"开始"选项卡的"字体"选项组中单击"字体"下拉按钮，选择一款满意的字体。单击"字号"下拉按钮，选择合适的字号大小，或者直接输入字号值，如图2-48所示。

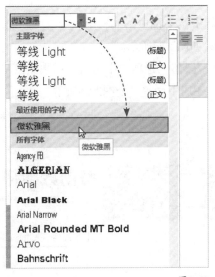

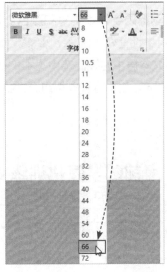

图2-48

Step 06 设置字间距。选中艺术字，在"字体"选项组中单击"字符间距"下拉按钮，选择"其他间距"选项。在打开的"字体"对话框中将"间距"设置为"加宽"，将"度量值"设为5磅，如图2-49所示。

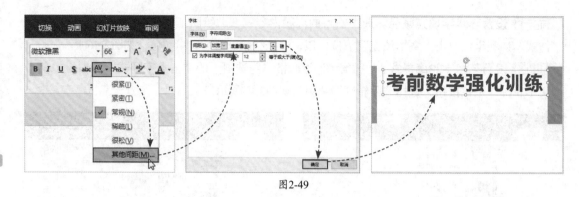

图2-49

Step 07 **插入文本框。** 在"插入"选项卡的"文本"选项组中单击"文本框"下拉按钮，从中选择"绘制横排文本框"选项，在标题下方使用鼠标拖拽的方式绘制文本框，如图2-50所示。

Step 08 **输入副标题内容。** 在插入的文本框中输入副标题内容，如图2-51所示。

图2-50

图2-51

Step 09 **设置副标题字体、字号和颜色。** 选中文本框中的副标题文字，在"开始"选项卡的"字体"选项组中设置好字体、字号和颜色，如图2-52所示。

Step 10 **设置文本居中对齐。** 选中文本，在"段落"选项组中单击"居中"按钮，将文字以文本框中线居中对齐。用户也可以按组合键Ctrl+E居中文本，如图2-53所示。

图2-52

图2-53

Step 11 **居中对齐主标题和副标题。** 选中副标题文本，按Ctrl键的同时选中主标题，在"绘图工具-格式"选项卡的"排列"选项组中单击"对齐"下拉按钮，选择"水平居中"选项，将两个标题的文本居中对齐，如图2-54所示。

Step 12 **设置副标题字间距。**选中副标题文本框，按照以上的操作将间距设为"加宽"，度量值设为3磅，如图2-55所示。

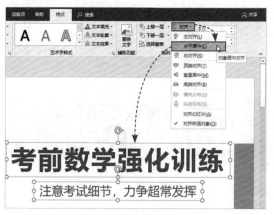

图2-54

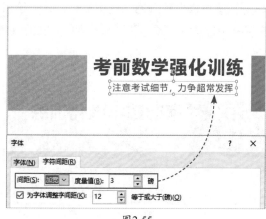

图2-55

Step 13 **复制文本框，更改文字内容。**选中副标题文本框，按住Ctrl键的同时，拖拽副标题文本框至下方的合适位置，完成文本框的复制操作。选中复制后的文本框内容，将其更改为新内容，如图2-56所示。

Step 14 **设置字体格式及对齐方式。**选中新文本，在"字体"选项组中设置好字号的大小，并将其设为右对齐，结果如图2-57所示。

图2-56

图2-57

知识拓展

在幻灯片中移动文本框、形状或图片时，系统会自动显示出智能对齐向导，俗称对齐参考线，这样方便用户快速地进行对齐操作，如图2-58所示。想要隐藏智能向导，可以在"视图"选项卡中单击"显示"选项组右侧的小箭头，在"网格和参考线"对话框中，取消勾选"形状对齐时显示智能向导"选项即可隐藏。

图2-58

Step 15 **添加装饰元素。**为了让封面内容能够更丰富一些，可以为其添加一些装饰元素。将第5张幻灯片中的形状图形复制到封面页中，并各自调整好位置，如图2-59所示。

Step 16 **更换形状颜色。**选中形状，在"绘图工具-格式"选项卡中单击"形状填充"下拉按钮，从中选择一款颜色即可调整当前形状的颜色，如图2-60所示。

图2-59   图2-60

● **新手误区：**默认情况下，PPT文字颜色为黑色，但这种黑色与白底搭配，略显俗气。不知道用户注意到没有，凡是高品质的PPT，其字体颜色都不会是黑色，一般都为灰色或浅灰色，这样的搭配整体会显得非常雅致、清爽。所以，建议新手用户在设置字体颜色时，尽量避免选择纯黑。

■2.5.2 利用公式输入内容文本

由于本案例是数学课件，所以课件内容中难免会有各种数学公式及符号。那么，如何能够既快又准确地输入公式内容呢？下面将向用户介绍具体的操作方法。

扫码观看视频

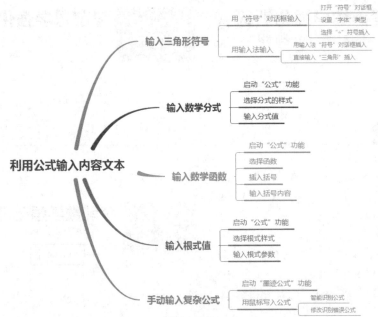

Step 01 **输入正常文本内容。**选中第2张幻灯片，使用横排文本框，输入文字内容，如图2-61
所示。

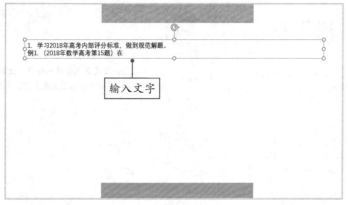

图2-61

Step 02 **输入三角形符号。**在"插入"选项卡的"符号"选项组中单击"符号"按钮，打开
"符号"对话框，将"字体"类型设为"Wingdings 3"，在符号列表中选择"△"符号，单击
"插入"按钮完成三角形符号的插入操作，如图2-62所示。

图2-62

Step 03 **选择分式样式。**将光
标定位至插入点，在"插入"
选项卡的"符号"选项组中单
击"公式"下拉按钮，选择
"插入新公式"选项，在"公
式工具-设计"选项卡中单击
"分式"下拉按钮，选择"分
式（竖式）"样式，如图2-63
所示。

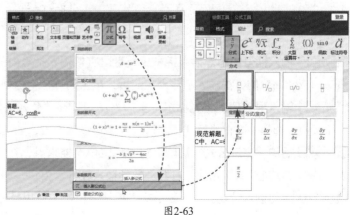

图2-63

Step 04 **输入分式值。** 选择好分式样式后，在光标处根据需要选中所需方框输入分式值，单击幻灯片空白处即可完成分式值的输入，如图2-64所示。

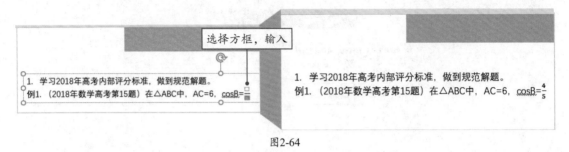

图2-64

● **新手误区：** 分式输入完成后，当要输入其他文本时，需要在公式右侧空白处双击，当光标处于正常显示模式后，再输入正常文本，否则系统会一直保持公式的输入状态。

Step 05 **选择cos函数。** 单击"公式"下拉按钮，选择"插入新公式"选项，在"公式工具-设计"选项卡中单击"函数"下拉按钮，选择"余弦函数"样式，如图2-65所示。

Step 06 **插入括号。** 选中cos右侧方框，在"公式工具-设计"选项卡中单击"括号"下拉按钮，选择"括号"样式，如图2-66所示。

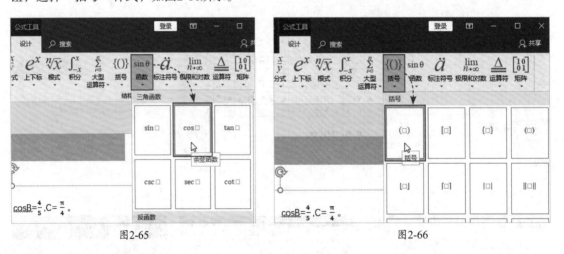

图2-65　　　　　　　　　　　　　　　　　　图2-66

Step 07 **输入括号内容。** 插入括号后，可以直接输入括号内的公式参数。遇到分式时，可以按照Step4 和Step5 的方法输入。输入完成后，单击幻灯片空白处即可，如图2-67所示。

Step 08 **输入根式值。** 将光标定位至插入点，打开"公式工具-设计"选项卡，单击"根式"下拉按钮，选择一款根式样式，然后输入根式参数即可，如图2-68所示。

Step 09 **启动"墨迹公式"功能。** 将光标定位至插入点，在"插入"选项卡的"公式"下拉列表中选择"墨迹公式"选项，打开"数学输入控件"窗口，如图2-69所示。

Step 10 **手动输入分式。** 在"数学输入控件"窗口中使用鼠标写入所需分式，如图2-70所示。

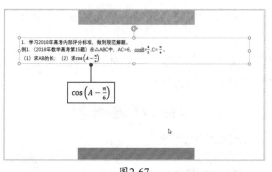

图2-67

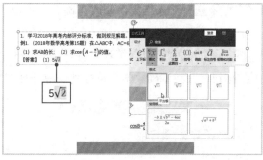

图2-68

图2-69

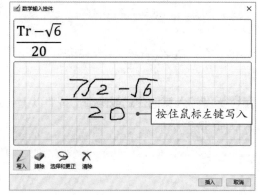

图2-70

Step 11 **修改分式参数**。写入分式后，在"预览"框中检查分式是否有误。单击"擦除"图标按钮擦除有误的参数，其后再单击"写入"图标按钮写入正确的参数，直到预览结果正确为止，如图2-71所示。

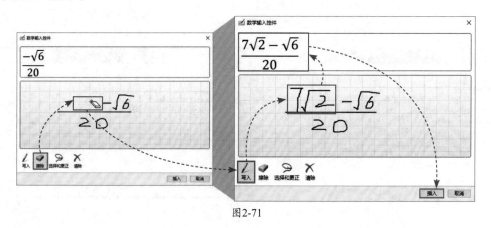

图2-71

● **新手误区：** 输入一些复杂的公式或函数值时，用户可以使用"墨迹公式"功能来手动输入公式，这种方法要比插入公式方便得多。需要注意的是，在使用鼠标写入公式时，字迹不能潦草，要一笔一划地写入，否则系统将无法自动识别，从而导致不必要的麻烦。

Step 12 **查看输入结果。** 修改正确后，单击"插入"按钮即可将公式插入至光标处，如图2-72所示。

Step 13 **插入"所以"符号。** 在"公式工具-设计"选项卡的"符号"选项组中单击"其他"下拉按钮，在"基础数学"符号列表中选择"∴"符号即可，如图2-73所示。

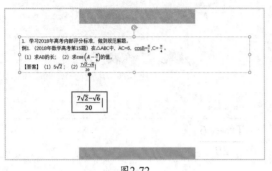

图2-72

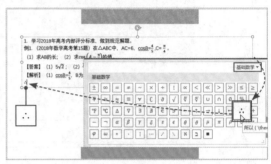

图2-73

Step 14 **输入其他公式或函数。** 按照以上公式或函数的输入方法，完成其他公式内容的输入，结果如图2-74所示。

图2-74

知识拓展

要插入"∵""∴"这类数学符号，除了在"公式工具-设计"选项卡中进行操作外，用户还可以使用"符号"功能来插入。在"插入"选项卡中单击"符号"按钮，打开"符号"对话框，将"字体"设为"（普通文本）"，将"子集"设为"数学运算符"选项，然后在其列表中选择"∵"或"∴"符号即可，如图2-75所示。

图2-75

■2.5.3　设置内容文本格式

内容输入完成后，发现公式和文本的字体格式很不协调，插入的公式字体为默认的"Cambria Math"字体，而文本字体则是"等线"字体。那么，如何快速统一文档中的字体呢？下面就来介绍具体的操作方法。

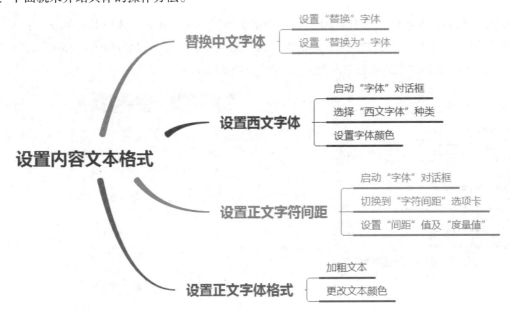

Step 01 启动**"替换字体"**功能。在"开始"选项卡的"编辑"选项组中单击"替换"下拉按钮,从中选择"替换字体"选项,打开"替换字体"对话框,如图2-76所示。

Step 02 设置正文字体。将"替换"设为"等线",将"替换为"设为"微软雅黑",单击"替换"按钮,如图2-77所示。

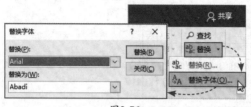
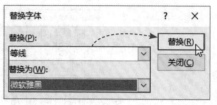

图2-76 图2-77

Step 03 查看替换效果。设置完成后,当前文稿中所有的"等线"字体已批量替换成"微软雅黑"字体,如图2-78所示。

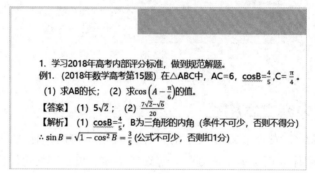

图2-78

Step 04 设置西文字体。选中第2张幻灯片中的文本框,在"开始"选项卡中单击"字体"选项组右侧的小箭头,打开"字体"对话框,将"西文字体"设为"Cambria Math",将"大小"设为24,并将"字体颜色"设为灰色,如图2-79所示。

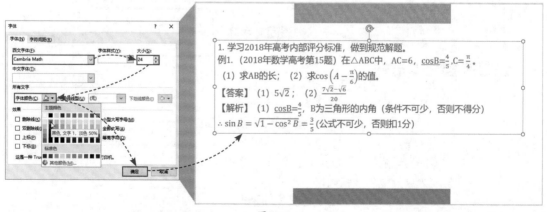

图2-79

Step 05 设置字符间距。字体设置完成后，在"字体"对话框中切换到"字符间距"选项卡，将"间距"设为"加宽"，将"度量值"设为3磅，如图2-80所示。

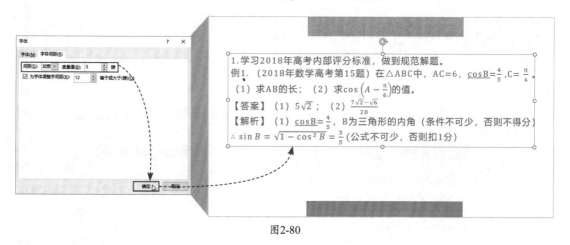

图2-80

知识拓展

　　使用"字体"选项组设置字体与使用"替换字体"选项设置字体的区别在于，"字体"选项组仅限于设置当前被选中的文本，而"替换字体"选项可以批量设置整个PPT中的字体；"字体"选项组中可以分别对"西文字体"和"中文字体"进行设置，而"替换字体"选项只能设置一种字体。

Step 06 加粗文本，突显文本。选中第1句文本内容，在"字体"选项组中单击"加粗"按钮加粗该文本。按照同样的方法，加粗其他文本内容，结果如图2-81所示。

Step 07 更改文本颜色，突显文本。选中所需突显的文本内容，在"字体"选项组中单击"文字颜色"下拉按钮，选择满意的颜色。这里选择"红色"，完成文本颜色的更改操作，结果如图2-82所示。

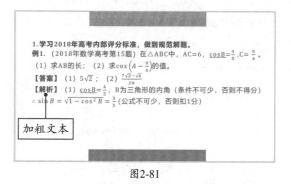

图2-81

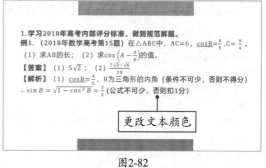

图2-82

Step 08 设置第3和第4张幻灯片文本字体。按照以上的操作步骤，分别对第3、4张幻灯片中的文本进行设置，如字符间距、加粗文本和更改文本颜色，设置结果如图2-83所示。

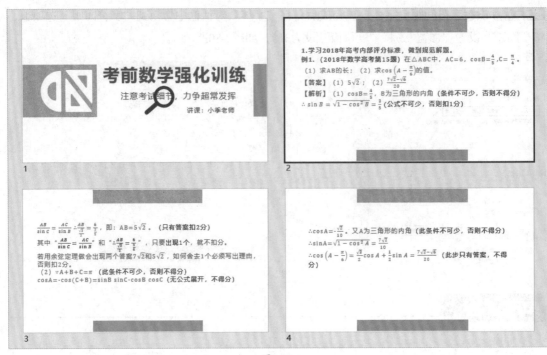

图2-83

■2.5.4 设置内容段落格式

文本格式设置完成后，接下来就要对段落格式进行设置了，如设置段落行间距、首行缩进等。

Step 01 **设置段落缩进值。** 选中第2张幻灯片中的文本框，在"开始"选项卡中单击"段落"选项组右侧的小箭头，打开"段落"对话框，将"特殊格式"设为"首行缩进"，"度量值"设为"2"，如图2-84所示。

Step 02 **设置段落行间距。** 在"段落"对话框中，将"行距"设为"1.5倍行距"，如图2-85所示。设置完成后，适当调整一下文本框的位置，将其保持在页面正中的位置。

图2-84

图2-85

Step 03 **取消编号设置。**将光标定位至编号"1."后，在"开始"选项卡的"段落"选项组中单击"编号"下拉按钮，选择"无"选项，取消编号功能。与此同时，在此输入"1."字符，调整一下首行缩进参数即可，结果如图2-86所示。

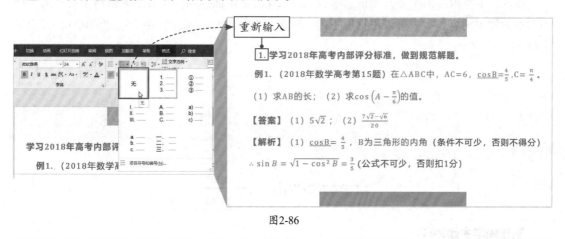

图2-86

● **新手误区：** 在PPT中只要输入文本"1."后，系统会自动为其赋予编号功能，以方便后期序号的管理。如不需要，将其取消即可。

Step 04 **设置第3和第4张幻灯片段落格式。**按照以上的操作，分别对第3、4张幻灯片的段落格式进行设置，并适当调整一下文本的位置。

至此，数学课件已经制作完成，保存好文档即可。

Ⓟ 课后作业

通过对本章内容的学习，相信大家应该对PPT的字体选择及操作有了大概的了解。为了巩固本章的知识内容，大家可以根据以下的思维导图制作一份以国学宣讲为主题的PPT，其版式不限。

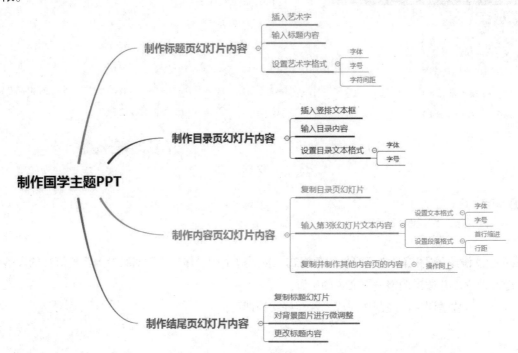

以上思维导图仅供参考，大家若有更好的构思及方法，可以自行绘制思维导图，并根据导图来制作PPT。

ⓃⓄⓉⒺ

💡 **Tips**

将此作业通过QQ（1932976052）的形式发送给我们，我们会在QQ群（群号：728245398）中定期进行评选，优胜者将有礼物送出哦！希望大家积极参与。

第 3 章

图形图像的
那些事

一份PPT中仅仅只有文字是不够的，人们不会花大量的时间去逐字阅读。哪怕文字描述得再精彩，没有图片的衬托也很难吸引观众的注意。俗语说：一图胜千言。有时简简单单的一张图就能明确地表达出你的观点。当然，这里并非否认文字的重要性，只是想强调一下，图文并茂的PPT更有观赏性和说服力。

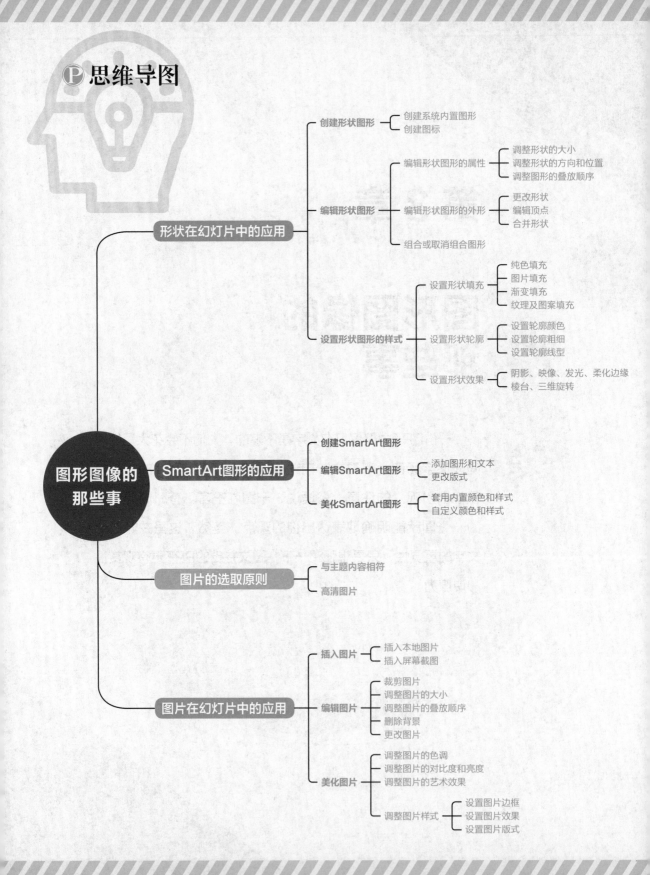

Ⓟ 思维导图

形状在幻灯片中的应用
- 创建形状图形
  - 创建系统内置图形
  - 创建图标
- 编辑形状图形
  - 编辑形状图形的属性
    - 调整形状的大小
    - 调整形状的方向和位置
    - 调整图形的叠放顺序
  - 编辑形状图形的外形
    - 更改形状
    - 编辑顶点
    - 合并形状
  - 组合或取消组合图形
- 设置形状图形的样式
  - 设置形状填充
    - 纯色填充
    - 图片填充
    - 渐变填充
    - 纹理及图案填充
  - 设置形状轮廓
    - 设置轮廓颜色
    - 设置轮廓粗细
    - 设置轮廓线型
  - 设置形状效果
    - 阴影、映像、发光、柔化边缘
    - 棱台、三维旋转

SmartArt图形的应用
- 创建SmartArt图形
- 编辑SmartArt图形
  - 添加图形和文本
  - 更改版式
- 美化SmartArt图形
  - 套用内置颜色和样式
  - 自定义颜色和样式

图片的选取原则
- 与主题内容相符
- 高清图片

图形图像的那些事

图片在幻灯片中的应用
- 插入图片
  - 插入本地图片
  - 插入屏幕截图
- 编辑图片
  - 裁剪图片
  - 调整图片的大小
  - 调整图片的叠放顺序
  - 删除背景
  - 更改图片
- 美化图片
  - 调整图片的色调
  - 调整图片的对比度和亮度
  - 调整图片的艺术效果
  - 调整图片样式
    - 设置图片边框
    - 设置图片效果
    - 设置图片版式

Ⓟ 知识速记

3.1 形状的创建与编辑

　　使用绘图工具可以向幻灯片中插入各种各样的图形，这些图形最大的特点在于"可塑性"，它能够通过编辑变化出各种复杂的图案来。图形的恰当使用会使PPT的质量得到很大的提升。

■3.1.1 创建形状

　　在"插入"选项卡的"插图"选项组中单击"形状"下拉按钮，从中选择一款满意的形状，然后利用拖拽鼠标的方法完成形状的创建操作，如图3-1所示。

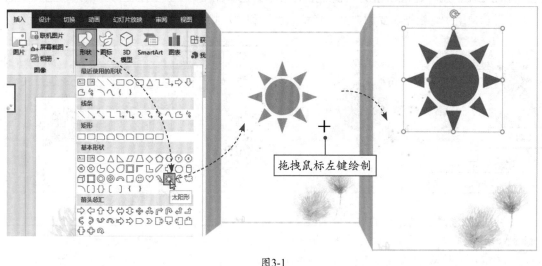

图3-1

知识拓展

　　用户除了可以使用内置的形状图形外，还可以手动绘制所需图形。在进行动手绘制之前，最好调用网格线进行辅助绘制。在"视图"选项卡的"显示"选项组中，勾选"网格线"复选框即可调出网格线。然后再在"形状"列表中选择"自由曲线"，按住鼠标左键拖拽鼠标进行绘制即可，如图3-2所示。

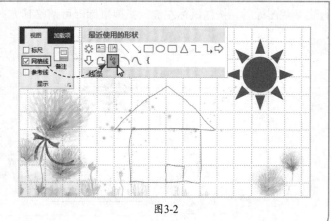

图3-2

■3.1.2 调整形状的大小和方向

图形形状绘制好后，通常需要对图形进行一些基本调整，如调整形状的大小、方向等。下面将简单介绍其操作方法。

1．调整图形大小

需要对图形的大小进行调整，用户可以通过以下两种方法来操作：选中所需图形，此时图形四周会出现八个控制点，将光标移动到其中任意一个控制点上，呈双向箭头时按住鼠标左键拖拽鼠标，即可调整图形的大小。一般情况下，向图形外拖拽可以放大图形，向图形内拖拽可以缩小图形，如图3-3所示。

除此之外，用户还可以精确调整图形的大小。选中图形，在"绘图工具-格式"选项卡的"大小"选项组中，根据需要调整其"形状高度"和"形状宽度"的参数即可，如图3-4所示。

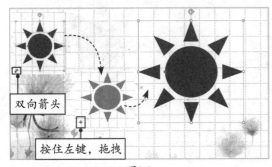

图3-3　　　　　　　　　　　　　　　　　图3-4

● **新手误区：** 在调整图形大小的过程中，按住Shift键的同时，再使用鼠标拖拽的方法，会将图形等比放大或缩小。按Alt键，系统会以图形中心进行等比缩放。

2．调整图形方向

想要对图形的方向进行调整，只需选中图形，将光标移至图形上方的旋转控制点上，当光标也变成图标后，按住鼠标左键，拖拽鼠标即可调整其方向，如图3-5所示。

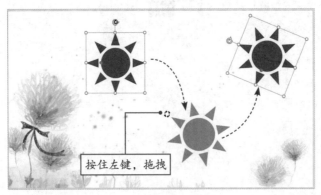

图3-5

用户还可以在"绘图工具-格式"选项卡的"排列"选项组中单击"旋转"下拉按钮，从中选择所需的旋转项即可。

■3.1.3 调整形状的叠放顺序

默认情况下，图形会以创建时间的先后自动安排叠放顺序。这样往往会影响图形的叠放效果，这时用户需要根据实际情况对图形的叠放顺序进行调整。

选中所需图形，这里选择"太阳"图形，右击，选择"置于底层"选项，此时太阳图形已经叠放至所有云图形之后了。选中太阳右侧的云朵，右击，再次选择"置于底层"选项，此时云朵已经叠放至太阳之后了，如图3-6所示。

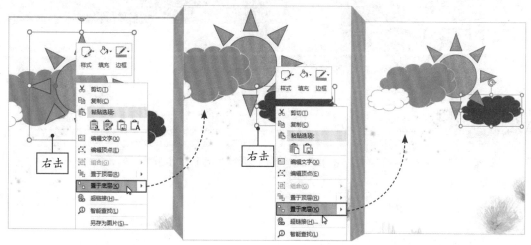

图3-6

当然，用户还可以选择其他叠放选项，如上移一层或下移一层。选中云朵图形，右击，从快捷菜单中选择"置于顶层"选项，并在级联菜单中选择"上移一层"选项，此时该云朵图形的叠放顺序发生了变化，如图3-7所示。

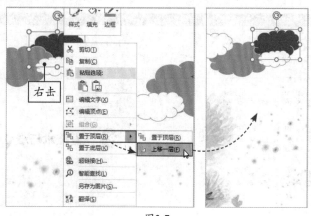

图3-7

■3.1.4 组合与取消组合图形

当在幻灯片中插入了多个图形时，为了方便管理，用户则需要将这些图形进行组合。按住Ctrl键选中所有图形，在"绘图工具-格式"选项卡的"排列"选项组中单击"组合"按钮即可，如图3-8所示。

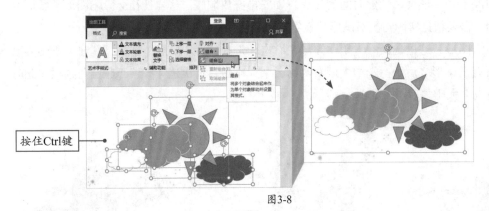

按住Ctrl键

图3-8

■3.1.5 创建图标

在PPT 2019版中增添了一项"图标"功能，利用该功能可以快速地向幻灯片中插入各种常用的小图标。这项功能非常实用，它能够节省绘制图标的时间，提高制作效率。在"插入"选项卡的"插图"选项组中单击"图标"按钮，在打开的"插入图标"窗口中，根据需要选择图标，单击"插入"按钮即可，如图3-9所示。

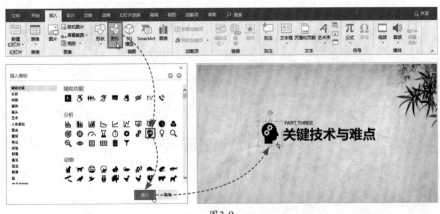

图3-9

3.2 形状样式的设置

形状创建好后，通常需要对形状进行一番编辑，如更改形状颜色、形状轮廓、形状的外观样式等，用户可以使用系统内置的样式，也可以自定义样式。

■3.2.1　编辑形状

插入的形状如果不能满足用户的需求，可以通过"编辑形状"功能来解决。选中所需形状，在"绘图工具-格式"选项卡的"插入形状"选项组中单击"编辑形状"下拉按钮，根据需要选择编辑方式即可。这里有两种方式：一种是"更改形状"的方式，该方式可以直接将被选中的图形更换为其他图形，如图3-10所示。

扫码观看视频

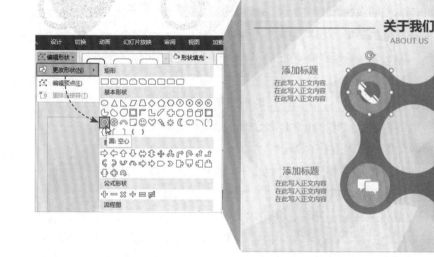

图3-10

另一种是"编辑顶点"的方式，该方式是通过手动调节图形各个顶点来自定义图形，如图3-11所示。

知识拓展

在编辑顶点时，用户可以对其顶点进行增添或删减。右击顶点，在打开的列表中根据需要选择"添加顶点"或"删除顶点"选项即可。

图3-11

■3.2.2 合并形状

"合并形状"功能也可以称为PPT中的布尔运算。它由五个部分组成，分别为结合、组合、拆分、相交和剪除。用户可以利用这五个命令做出任意图形，如图3-12所示。

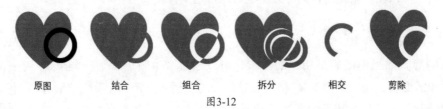

图3-12

- **结合：** 该命令是将多个形状合并为一个新的形状，其颜色取决于先选图形的颜色。图3-12中"结合"的颜色是红色，说明在选择时先选的是红色的心形，后选的是黑色的环形。如果先选黑色环形再选红色心形，那么其结合后的颜色变为黑色，如图3-13所示。

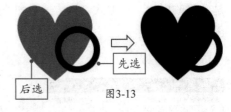

图3-13

- **组合：** 该命令与"结合"命令相似，其区别在于两个图形重叠的部分会镂空显示。
- **拆分：** 该命令是将多个形状进行分解，而所有重合的部分都会变成独立的形状。
- **相交：** 该命令只保留两个形状之间重叠的部分。
- **剪除：** 该命令是用先选形状减去后选形状的重叠部分，通常用来做镂空效果。

下面将以制作酷炫的艺术字为例，简单介绍一下"合并形状"的操作。

打开配套原始文件，首先插入一张彩色图片，并使用文本框在图片上输入文字内容，设置好文字的字体与字号。先选中彩色图片，再选中文字内容，在"绘图工具-格式"选项卡的"插入形状"选项组中单击"合并形状"下拉按钮，从中选择"相交"选项即可完成艺术字的制作操作，如图3-14所示。

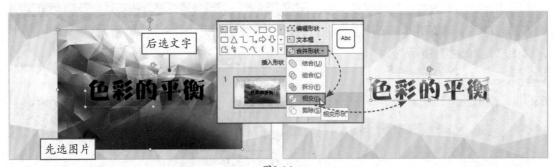

图3-14

● **新手误区：** 使用"合并形状"功能制作的文字已经被转化为图片文字，所以无法再对其文字内容进行更改了。这样也方便了字体的保存，避免了该字体在其他计算机中无法正常显示的情况。

■3.2.3　设置形状填充

图形的填充效果很丰富，用户可以选择纯色填充、图片填充、渐变填充、纹理填充等。选中所需设置的形状，在"绘图工具-格式"选项卡的"形状样式"选项组中单击"形状填充"下拉按钮，从中选择要设置的选项参数即可。

1. 纯色填充

如果要对当前形状的颜色进行调整，只需在"形状填充"列表的"主题颜色"选项组中选择满意的颜色即可，如图3-15所示。

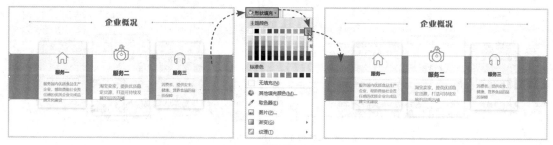

图3-15

用户对当前选项组中的颜色不太满意，可以在列表中选择"其他填充颜色"选项，在打开的"颜色"对话框中根据需要选择颜色即可。除此之外，用户还可以使用"取色器"工具来调整颜色。该工具相当于PS中的"吸管"工具，利用该工具可以将其他图片上的颜色应用到当前形状中。

将所需图片或形状插入到当前幻灯片中，选中要填充的形状，在"形状填充"列表中选择"取色器"选项，当光标呈吸管图标时，将其放置到图片所需的颜色上，此时吸管右上角会显示相应的色块及色值，确认后单击该色块即可将其应用到形状中，如图3-16所示。

图3-16

2. 图片填充

用户还可以利用图片来对形状进行填充。在"形状填充"列表中选择"图片"选项，在

"插入图片"窗口中选择"来自文件"选项，其后在"插入图片"对话框中选中所需图片，单击"插入"按钮即可将图片填充至形状中，如图3-17所示。

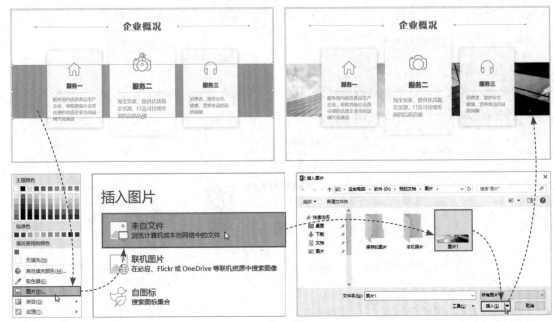

图3-17

3. 渐变填充

在"形状填充"下拉列表中选择"渐变"选项，并在级联菜单中选择满意的渐变样式即可将形状填充成渐变效果。用户还可以选择"其他渐变"选项，在打开的"设置形状格式"窗格中设置其他渐变颜色，如图3-18所示。

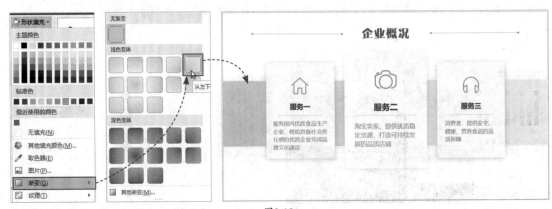

图3-18

● **新手误区：** 如果用户想要更改渐变颜色，可以在"渐变"级联菜单中选择"其他渐变"选项，在打开的"设置形状格式"窗格中设置渐变颜色、渐变样式等。

4．纹理及图案填充

想要将形状填充成纹理及图案效果，可以在"形状填充"下拉列表中选择"纹理"选项，并在级联菜单中选择满意的纹理效果即可。如果想要填充成图案效果，可以在级联菜单中选择"其他纹理"选项，在打开的"设置形状格式"窗格中单击"图案填充"单选按钮，并在"图案"列表中选择一款满意的图案样式即可，如图3-19所示。

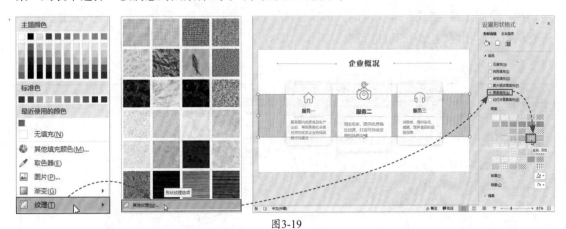

图3-19

■3.2.4 设置形状轮廓

对形状轮廓进行设置，就是对形状的轮廓线样式进行设置，如设置轮廓线的颜色、粗细、线型等。选中形状，在"绘图工具-格式"选项卡的"形状样式"选项组中单击"形状轮廓"下拉按钮，从中选择"粗细"选项，在其级联菜单中选择合适的磅值，即可对轮廓线的粗细程度进行设置，如图3-20所示。选择"虚线"选项，在其级联菜单中可以对轮廓线的线型进行设置，如图3-21所示。

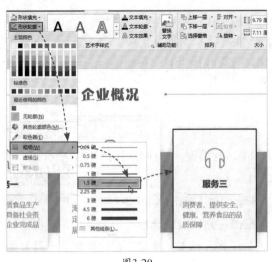

图3-20

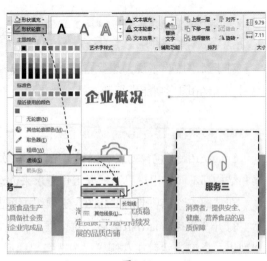

图3-21

如果需要对轮廓线的颜色进行设置，只需在"形状轮廓"下拉列表的"主题颜色"选项组中选择颜色即可。

■3.2.5 设置形状效果

用户还可以为形状设置与众不同的外观效果，如阴影、发光、映像或三维旋转。选中图形，在"绘图工具-格式"选项卡的"形状样式"选项组中单击"形状效果"下拉按钮，根据需要从中选择相应的选项即可进行设置操作，图3-22所示的是阴影效果，而图3-23所示的是发光效果。

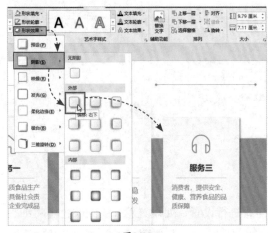

图3-22

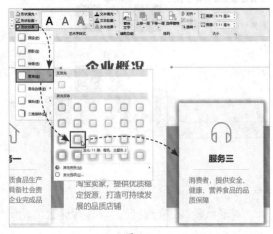

图3-23

● **新手误区：** 虽然从"形状效果"列表中可以将形状设置成各种三维效果，但建议新手用户在没有把握的前提下尽量不要使用。因为这些默认的三维效果真不敢恭维。

3.3 | SmartArt图形的应用

对于新手用户来说，想要自己动手绘制高水平的立体化图形是一件很困难的事，这时如果使用SmartArt图形功能进行制作就会变得很轻松。

■3.3.1 创建SmartArt图形

SmartArt图形包含列表、流程、循环、层次结构等八种类型，每种类型的布局和结构都不同，用户只需根据工作需求来创建即可。

扫码观看视频

在"插入"选项卡的"插图"选项组中单击"SmartArt"按钮，如图3-24所示。打开"选择SmartArt图形"对话框，在该对话框的左侧列表中选择图形的类型，这里选择"列表"类型，然后在右侧样式中选择"梯形列表"样式，单击"确定"按钮即可在幻灯片中插入该图形，如图3-25所示。

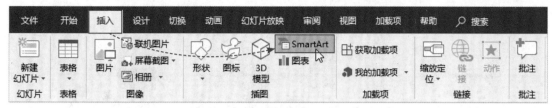

图3-24

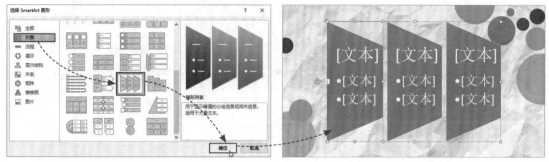

图3-25

3.3.2　编辑SmartArt图形

SmartArt图形创建好后，接下来就需要输入文字内容了。单击图形中的"[文本]"字样便可输入文字，如图3-26所示。在输入的过程中，用户可以按Backspace键删除多余的"[文本]"字样。

有时当前图形无法满足用户的需求，那么就需要通过"添加图形"的方法来解决。选中图形，在"SmartArt工具-设计"选项卡中单击"添加形状"按钮，选择"在后面添加形状"选项，即可在当前的SmartArt图形中新增一个图形，如图3-27所示。

图3-26

图3-27

知识拓展

在新增加的图形中想要输入文字内容，需要右击图形，在快捷菜单中选择"编辑文字"选项即可输入。除此之外用户还可以在"SmartArt工具-设计"选项卡的"创建图形"选项组中单击"文本窗格"按钮，在打开的窗格中也可以输入文字内容，如图3-28所示。

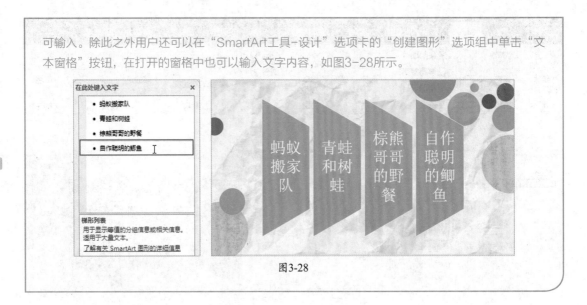

图3-28

■3.3.3 美化SmartArt图形

为了让创建的SmartArt图形在页面中更加赏心悦目，就需要对其进行美化。选中SmartArt图形，在"SmartArt工具-设计"选项卡的"版式"选项组中单击"其他"下拉按钮，从中可对其图形版式进行更改；单击"更改颜色"下拉按钮，可对当前图形的颜色进行更改；在"SmartArt样式"选项组中单击"其他"下拉按钮，可对图形的样式进行设置，如图3-29所示。

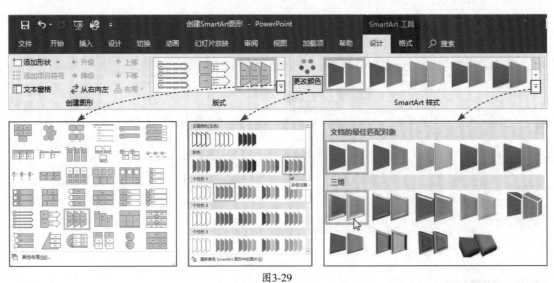

图3-29

如果系统内置的SmartArt样式满足不了用户的需求，可以在"SmartArt工具-格式"选项卡的"形状样式"选项组中自定义图形的样式，如填充颜色、轮廓样式、图形效果等。其操作与设置形状样式相同，在此就不一一介绍了。

3.4 图片的选取原则

图片选择的好坏会直接影响到整个PPT的品质。那么，该怎么选择图片呢？下面将向用户介绍一些图片选取的基本原则。

■3.4.1 选择与内容相符的图片

在选择图片时，首先要遵守的原则就是选择与主题内容相符的图片。如果只想达到图文混排的版式效果，而随意选择一张图片凑个数的话，不如不放为好。

从如图3-30和图3-31所示的两张幻灯片效果来说，你会更关注哪一张的内容呢？答案显而易见，图3-31会更胜一筹。其实两张幻灯片的内容是一样的，只是所用的图片内容不一样而已。这就说明图片内容的选择很关键，所以建议用户尽量选择有故事、有内涵、与主题内容相符的图片。

图3-30   图3-31

■3.4.2 选择高清图片

在符合以上原则的基础上，还需要注意图片的清晰程度。往往模糊的图片不但不能增强说服力，反而会让人生厌，起到反作用。

● 新手误区：除了以上两点基本原则外，还需要注意其他几点：①图片尺寸不能太小；②图片不能有水印；③图片不要随意拉伸，使之扭曲变形。

3.5 图片的插入

图片素材收集好后，接下来就需要将这些素材插入至幻灯片中了。插入图片的方法有很多种，下面介绍两种常用的方法，以供用户参考使用。

■3.5.1 插入本地图片

在"插入"选项卡的"图像"选项组中单击"图片"按钮，在打开的"插入图片"对话框中选择所需图片，单击"插入"按钮即可插入至当前幻灯片中，如图3-32所示。

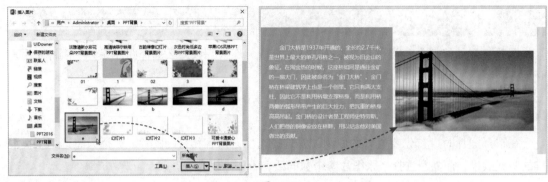

图3-32

　　除了以上操作外，用户还可以直接将图片拖入至幻灯片中，这样也可以实现图片的插入操作。该方法方便快捷，使用率相当高。

　　插入图片后，有些图片由于尺寸比较大，经常会全屏显示，想要将其调整到合适的大小，只需选择图片，将光标移至图片四周任意一个对角控制点上，当光标变成双向箭头时，按住鼠标左键拖动光标至满意的位置后，放开鼠标即可调整图片大小。

■3.5.2　插入屏幕截图

　　使用"屏幕截图"功能可以在不退出PPT程序的情况下，将网页或其他程序的内容捕捉下来，并插入到幻灯片中。

　　打开网页找到所需截图的内容，同样在"插入"选项卡中单击"屏幕截图"下拉按钮，在"可用的视窗"组中选择一个窗口，如图3-33所示。此时，被选中的窗口图像随即被插入到幻灯片中。

图3-33

如果想截取屏幕中的指定区域，可以在"屏幕截图"下拉列表中选择"屏幕剪辑"选项，屏幕随即变为灰白状态，同时光标也变为"+"形状。按住鼠标左键，拖动鼠标在屏幕上框选所需的部分图像，被框选的区域呈正常显示状态。松开鼠标后，被框选的图像即可插入到幻灯片中，如图3-34所示。

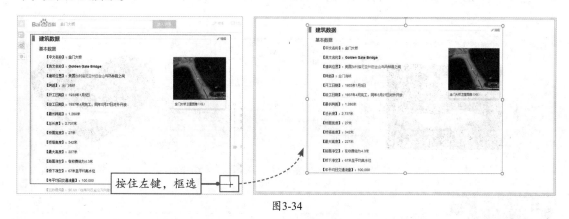

图3-34

3.6 图片的编辑与美化

图片被插入到幻灯片中后，如果用户觉得图片的样式过于简单，这时可以对图片进行一些设置，使其看上去更美观，也可以将幻灯片衬托得更加华丽、大气。

3.6.1　裁剪图片

有时选择的图片尺寸不合适，需要对其进行裁剪。下面向用户介绍一下"裁剪"功能在PPT中的应用。

1. 普通裁剪

选中图片，在"图片工具-格式"选项卡的"大小"选项组中单击"裁剪"按钮，此时被选中的图片四周会显示裁剪点，选中任意一个裁剪点，按住鼠标左键不放，拖动裁剪点至满意位置，如图3-35所示。放开鼠标，单击幻灯片空白处即可完成裁剪操作，如图3-36所示。

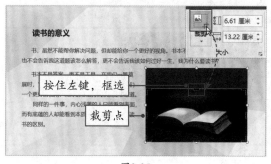

图3-35

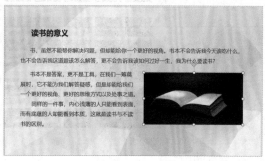

图3-36

2. 裁剪为形状

将图片裁剪为指定形状，可以增加图片的艺术感，是对图片的一种美化。选中图片，在"图片工具-格式"选项卡的"大小"选项组中单击"裁剪"下拉按钮，从中选择"裁剪为形状"选项，并在其级联菜单中选择所需的形状即可，如图3-37所示。

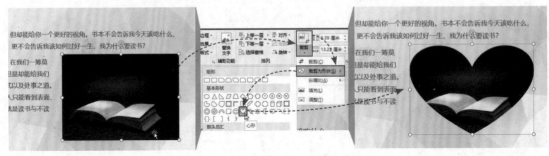

图3-37

■3.6.2 调整图片的亮度与对比度

插入图片后，若图片的亮度和对比度不佳，必定会影响幻灯片的整体质量。这时就需要使用"校正"功能，来对图片进行一些必要的美化设置。

选中图片，在"图片工具-格式"选项卡的"调整"选项组中单击"校正"按钮，在打开的列表中，用户可以对图片的亮度和对比度进行选择，如图3-38所示。

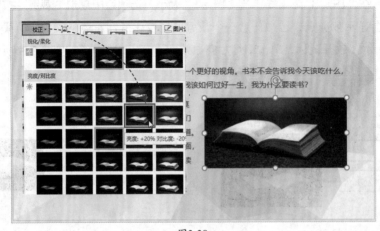

图3-38

■3.6.3　调整图片颜色

为了使图片能够和幻灯片的整体风格更加匹配，用户可以对图片的饱和度、色温和色调进行调整。在"图片工具-格式"选项卡的"调整"选项组中单击"颜色"下拉按钮，从中选择满意项即可。图3-39所示的是将图片的饱和度调整到最高的效果。图3-40所示的是将图片的色相调整为灰度模式。

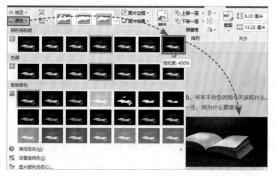

图3-39

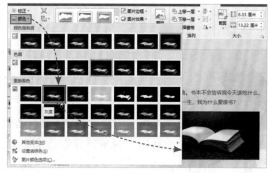

图3-40

知识拓展

　　用户还可以利用"艺术效果"功能来实现图片的另类美化操作。选中图片，在"图片工具-格式"选项卡的"调整"选项组中单击"艺术效果"下拉按钮，从中选择合适的艺术效果样式即可。

■3.6.4　添加图片外观样式

设置图片样式是为了更改图片的整体外观。PPT中内置了很多样式，用户只要选择某个样式使用即可。

选中图片，在"图片工具-格式"选项卡的"图片样式"选项组中单击"其他"下拉按钮，在展开的样式列表中根据需要选择所需的样式即可，如图3-41和图3-42所示。

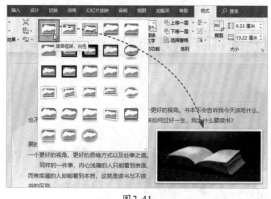

图3-41

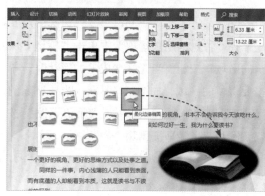

图3-42

3.6.5　去除图片背景

扫码观看视频

　　随着版本的更新换代，目前的PPT软件已经提供了一些简单的图片处理功能，如删除图片的背景。该功能可以帮助一些不会使用修图软件的用户来对图片背景进行处理操作。

　　选中所需图片，在"图片工具-格式"选项卡的"调整"选项组中单击"删除背景"按钮，此时在功能区中会新增"背景消除"选项卡。同时，图片自动将背景区域变为紫色（要删除的区域），如图3-43所示。

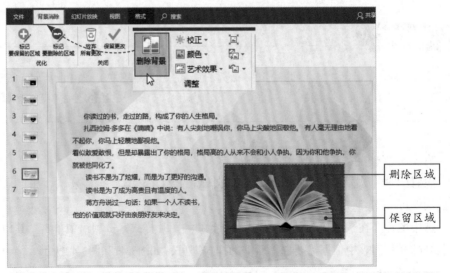

图3-43

　　在"背景消除"选项卡中单击"标记要保留的区域"按钮，当光标变成笔的形状时，单击要保留的区域，如图3-44所示。当要删除的区域都呈紫色显示时，单击"保留更改"按钮，图片背景随即被删除。

图3-44

3.7　制作保护野生动物宣传文稿

对于这类主题的PPT，仅以文字描述是无法起到警示作用的，必要的时候添加1～2张图片才会引起观众的共鸣。下面以制作"保护野生动物"宣传文稿为例，来介绍图形、图片的具体应用操作。

■3.7.1　制作封面幻灯片

封面幻灯片可以分为两类，一类是以图片为主，另一类是以文字为主。以图片为主的幻灯片看上去比较震撼，比较符合本案例的主题。

扫码观看视频

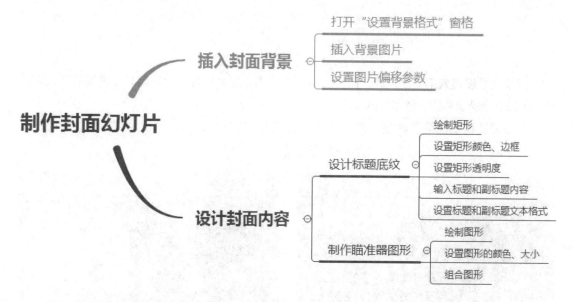

1. 插入封面背景

要将图片设为幻灯片背景，最好的方法则是利用"设置背景格式"功能来操作，这样可以有效地避免在对当前幻灯片的内容进行编辑时，背景图片被误操作的情况发生。

Step 01 启动**"设置背景格式"窗格**。新建空白PPT，删除幻灯片中的占位符。在"设计"选项卡的"自定义"选项组中单击"设置背景格式"按钮，打开相应的设置窗格。

Step 02 **选择图片**。在"设置背景格式"窗格中单击"图片或纹理填充"单选按钮，在展开的列表中单击"文件"按钮，打开"插入图片"对话框，选中背景图片，单击"插入"按钮，如图3-45所示。

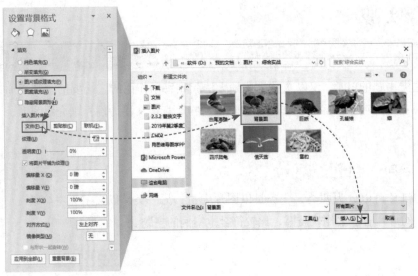

图3-45

Step 03 **查看设置效果。** 设置后，图片会以背景模式添加至幻灯片中。此时在编辑区中，用户是无法选中背景图片的，如图3-46所示。

Step 04 **设置背景图偏移参数。** 在"设置背景格式"窗格中，用户可以对其偏移参数进行设置，如图3-47所示的是偏移参数均为0的状态。

图3-46

图3-47

● **新手误区：** 默认情况下，图片以背景模式插入时，系统会自动调整好偏移值，也就是说，系统会自动以图片最佳的状态显示，无需用户手动调整。如果需要调整，尽可能微调，其数值切勿相差太大，否则图片就会变形，影响效果。

2. 设计封面内容

背景图添加完成后，接下来就可以制作封面内容了，如添加标题文本内容、使用形状修饰页面等。

Step 01 **选择矩形形状。** 在"插入"选项卡的"插图"选项组中单击"形状"下拉按钮，从中选择"矩形"，如图3-48所示。

Step 02 **绘制矩形**。在封面页右侧的合适位置，当鼠标呈十字形时，按住鼠标左键不放拖拽光标至满意位置即可绘制矩形，如图3-49所示。

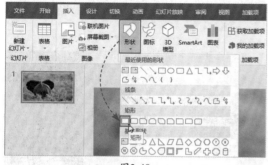

图3-48

图3-49

Step 03 **设置矩形颜色**。选中矩形，在"绘图工具-格式"选项卡的"形状样式"选项组中单击"形状颜色"下拉按钮，从中选择满意的颜色。这里选择"黑色"，如图3-50所示。

Step 04 **设置矩形轮廓**。同样在"形状样式"选项组中单击"形状轮廓"下拉按钮，从中选择"无轮廓"选项，如图3-51所示。

图3-50

图3-51

Step 05 **设置矩形透明度**。右击选中矩形，在快捷菜单中选择"设置形状格式"选项，打开"设置形状格式"窗格，选择"填充"项，并在其列表中对"透明度"的参数进行设置，这里设为16%，如图3-52所示。

图3-52

Step 06 **输入标题内容。** 在矩形上方插入一个竖排文本框，并输入标题内容。同时对其内容格式进行相关的设置，如文字的颜色、字体、字号、字符间距等，如图3-53所示。

Step 07 **输入副标题内容。** 复制标题文本框，修改文本框内容，然后对其文字格式进行设置，结果如图3-54所示。

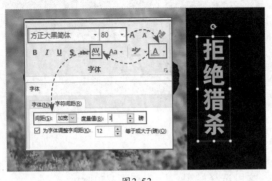

图3-53

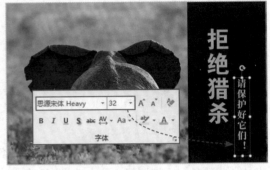

图3-54

Step 08 **绘制环形。** 在"插入"选项卡中单击"形状"下拉按钮，选择"圆：空心"形状，在标题文字上方按住Shift键的同时，拖拽鼠标左键绘制环形，如图3-55所示。

Step 09 **调整内环大小。** 选中环形，将光标移至内环的黄色控制点上，按住鼠标左键，将其向外拖动至合适位置，放开鼠标即可调整内环大小，如图3-56所示。

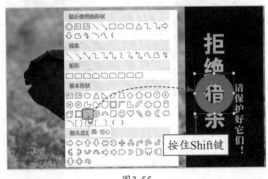

图3-55

图3-56

Step 10 **绘制其他圆形。** 使用"椭圆形"形状，按住Shift键绘制两个一大一小的正圆形。将它们摆放在环形内，将大圆的"形状填充"设为"无"；将小圆的"形状填充"设为"无"，结果如图3-57所示。

Step 11 **绘制线段。** 使用"直线"形状，在环形内绘制两条垂直的线段。将线段的"粗细"设为"1.5磅"，将线段的"虚线"类型设为"圆点"，如图3-58所示。

图3-57

图3-58

Step 12 **调整图形颜色和大小。** 将图形的"形状颜色"均设为红色,适当调整一下各圆形、环形的大小,如图3-59所示。

图3-59

Step 13 **组合图形。** 选中刚绘制好的图形,在"绘图工具-格式"选项卡的"排列"选项组中单击"组合"下拉按钮,从中选择"组合"选项,组合所有被选中的图形,如图3-60所示。

图3-60

● **新手误区:** 图形组合好后,用户是可以在此基础上对单个图形进行编辑的,只需选中某个图形即可,无需取消组合后再进行操作。

■3.7.2　制作内容幻灯片

展示内容幻灯片的方式有很多，常用的有全图型、全文字型和图文结合这三种。用户可以根据自己的需求用不同的方式来传递信息。

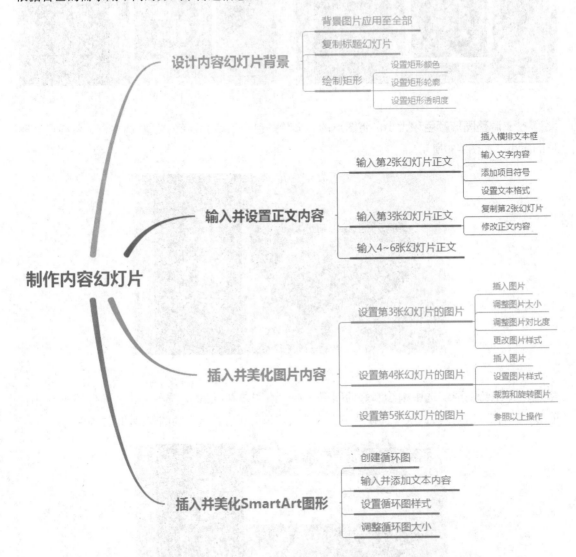

1. 制作内容幻灯片背景

用户可以通过两种方法来制作内容幻灯片背景，第一种是通过母版制作，第二种是在标题幻灯片的基础上进行修改。下面以第二种方法为例，来介绍具体的操作步骤。

Step 01 **背景图片应用到全部幻灯片**。右击制作好的标题幻灯片，从中选择"设置背景格式"选项，或者直接在"设计"选项卡中单击"设置背景格式"按钮，打开相应的设置窗格。在窗格中单击"应用到全部"按钮，如图3-61所示。

图3-61

● **新手误区：** 想要复制带背景的幻灯片，需要先将其背景图设置"应用到全部"幻灯片，然后再进行复制操作。否则，只能复制幻灯片中的文字和图形，而无法复制背景图。

Step 02 **复制标题幻灯片。** 使用组合键Ctrl+C和Ctrl+V复制标题幻灯片，并在复制的幻灯片的基础上删除多余的内容，如图3-62所示。

Step 03 **绘制背景矩形。** 使用"矩形"工具，在幻灯片背景中绘制矩形，并将"形状填充"设为"白色"，"形状轮廓"设为"无轮廓"。右击矩形，选择"设置形状格式"选项，打开相应的窗格，将其"透明度"设为15%，结果如图3-63所示。

图3-62

图3-63

2．输入并设置正文

　　内容幻灯片背景制作完成后，接下来就需要输入正文内容了。下面就简单地介绍幻灯片正文的输入与设置操作。

Step 01 输入第2张幻灯片内容。使用"绘制横排文本框"功能，在页面的合适位置绘制文本框，并输入文字内容，如图3-64所示。

Step 02 添加项目符号，美化文本。选中文本框中的小标题，在"开始"选项卡中单击"项目符号"按钮，为其添加项目符号。然后对文本框中的文字格式进行设置，结果如图3-65所示。

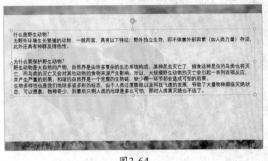

图3-64　　　　　　　　　　　　　　　　图3-65

知识拓展

　　用户可以使用"格式刷"功能将制作好的文本格式直接应用到新文本上，省去了多次重复设置的时间。先选择要复制的文本格式，在"开始"选项卡的"剪贴板"选项组中单击"格式刷"按钮，当光标变成刷子形状时，再选择新文本。这时被选中的文本已经应用了相同的格式。双击"格式刷"按钮，可以批量应用于多个文本。

Step 03 输入第3张幻灯片内容。使用组合键Ctrl+C和Ctrl+V复制第2张幻灯片，并对其正文内容进行修改，如图3-66所示。

Step 04 输入其他幻灯片正文内容。按照上述同样的操作，完成其他幻灯片正文的输入操作，结果如图3-67所示。

图3-66　　　　　　　　　　　　　　　　图3-67

3. 插入并美化图片

　　在幻灯片中插入图片，可以美化页面版式，丰富正文内容，增强内容的可读性。接下来将为幻灯片添加相应的图片。

扫码观看视频

Step 01 **插入图片。** 选择第3张幻灯片，在"插入"选项卡的"图像"选项组中单击"图片"按钮，打开"插入图片"对话框，选择要插入的图片，单击"插入"按钮，如图3-68所示。

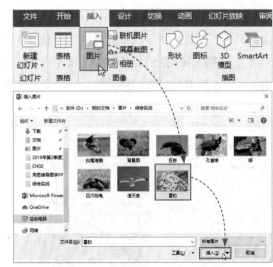

● **新手误区：** 除了使用以上方法外，用户还可以直接选中所需图片，将其拖入幻灯片中即可，该方法比较方便、快捷。

图3-68

Step 02 **调整图片大小。** 插入图片后，一般情况下都需要对图片的大小和位置进行调整。选中图片，将光标移动到图片任意的对角控制点上，当光标呈双向箭头时，按住鼠标左键不放，将其拖动至满意位置，放开鼠标即可调整图片大小，如图3-69所示。

图3-69

Step 03 **调整图片对比度。** 将图片移至页面右下角的合适位置，在"图片工具-格式"选项卡的"调整"选项组中单击"校正"下拉按钮，从中选择合适的对比度，如图3-70所示。

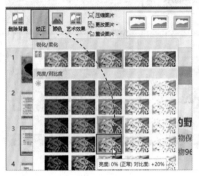

图3-70

Step 04 **更改图片样式。** 选中图片，在"图片工具-格式"选项卡的"图片样式"选项组中单击"其他"下拉按钮，从中选择一款满意的样式即可，如图3-71所示。

Step 05 **插入第4张幻灯片图片。** 按照以上的操作方法，插入第4张幻灯片的图片，调整好图片的大小，并将其放置在幻灯片的合适位置，如图3-72所示。

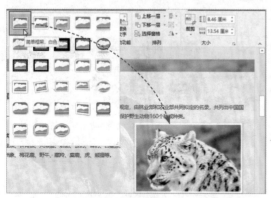

图3-71

图3-72

Step 06 **添加图片样式。** 在"校正"列表中调整图片的亮度和对比度。然后在"图片样式"列表中选择一款满意的样式，如图3-73所示。

图3-73

Step 07 **裁剪图片。** 选中"四爪陆龟"图片，在"图片工具-格式"选项卡中单击"裁剪"下拉按钮，选择"裁剪"选项，图片四周会显示裁剪控制点。选中任意裁剪点，按住鼠标左键不放，将其向内拖动至满意位置，放开鼠标，并单击幻灯片空白处即可完成裁剪操作，如图3-74所示。

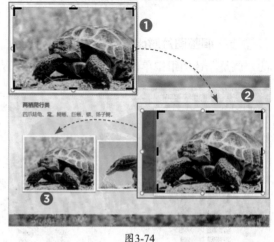

图3-74

知识拓展

使用"裁剪"功能可以将图片裁剪成各种形状，如星形、月牙形、太阳形等。用户只需选中所需图片，在"裁剪"列表中选择"裁剪为形状"选项，并在打开的形状列表中选择合适的图形即可，如图3-75所示。

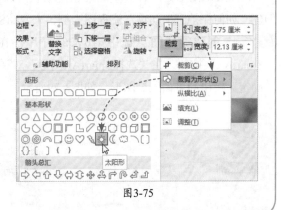

图3-75

Step 08 旋转图片。按照以上裁剪步骤，将"蟒"图片进行裁剪。然后选中"四爪陆龟"图片，将光标移至图片上方的旋转控制点上，当光标呈旋转图标时，按住鼠标左键不放，将其向左拖至满意位置即可旋转图形，如图3-76所示。

Step 09 旋转其他图片。按照同样的方法，将其他两张图片进行适当的旋转，并再次调整好图片的大小和位置，使图片能够充分地展示，结果如图3-77所示。

图3-76

图3-77

Step 10 插入并设置第5张幻灯片图片。选中第5张幻灯片，参照Step 5～Step 9的步骤，完成图片的设置与美化操作，如图3-78所示。

图3-78

4. 插入并美化 SmartArt 图形

SmartArt图形是一种矢量图形，使用它可以快速直观地表达内容的结构和层次。下面将以创建"如何保护野生动物"流程图为例，来介绍SmartArt图形制作的具体操作。

Step 01 **创建循环图**。选中第6张幻灯片，在"插入"选项卡的"插图"选项组中单击"SmartArt"按钮，在"选择SmartArt图形"对话框中选择"循环图"列表中的一款图形，单击"确定"按钮即可插入该图形，如图3-79所示。

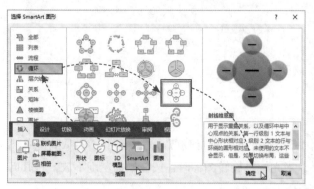 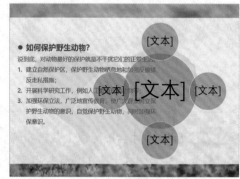

图3-79

Step 02 **输入文本内容**。在插入的SmartArt图形中，单击"[文本]"即可输入所需的文本内容，如图3-80所示。

Step 03 **添加图形**。选中其中任意一个小圆形，在"SmartArt工具-设计"选项卡的"创建图形"选项组中单击"添加形状"下拉按钮，从中选择"在后面添加形状"选项，此时在被选的小圆形后面便会添加新形状，如图3-81所示。

 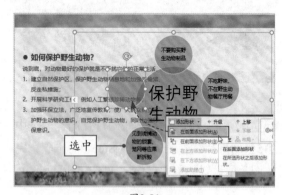

图3-80　　　　　　　　　　　　　图3-81

Step 04 **在添加的图形中输入文字**。选中新图形，右击，选择"编辑文字"选项，然后在光标闪烁处输入文字内容即可，如图3-82所示。

图3-82

Step 05 **添加其他图形，并输入文字。**按照同样的操作添加其他图形，并输入好文字内容，如图3-83所示。

图3-83

Step 06 **更改图形颜色。**选中创建好的SmartArt图形，在"SmartArt工具-设计"选项卡中单击"更改颜色"下拉按钮，选中一款满意的颜色即可，如图3-84所示。

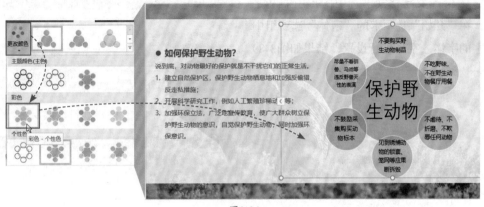

图3-84

Step 07 **设置图形样式。**在"SmartArt工具-设计"选项卡的"SmartArt样式"选项组中单击"其他"下拉按钮，从中可以选择一款满意的样式，如图3-85所示。

Step 08 **修改样式。**如果用户想要修改某图形的样式，可以将其选中，在"SmartArt工具-格式"选项卡的"形状样式"列表中选择满意的样式，如图3-86所示。

图3-85

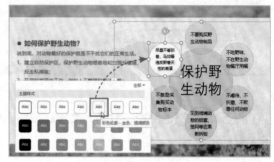

图3-86

Step 09 **修改其他样式。**按照以上操作，修改其他图形的样式，如图3-87所示。

Step 10 **调整SmartArt图形的大小。**选中当前SmartArt图形任意一个对角控制点，按住鼠标左键将其拖动至合适位置，放开鼠标即可对其大小进行调整，如图3-88所示。

图3-87

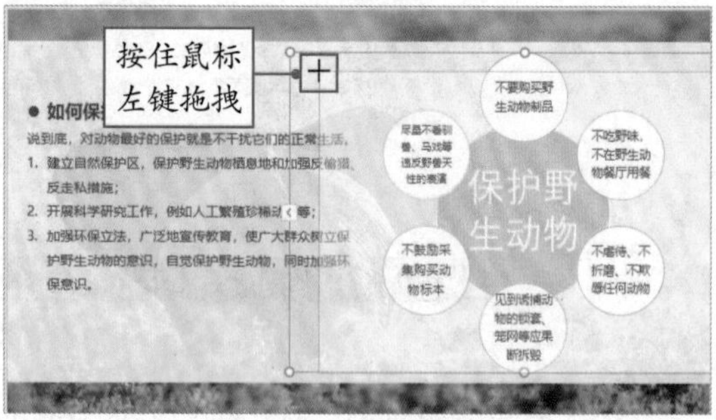

图3-88

Step 11 **修改文字格式。**选中图形中的文字内容，在"开始"选项卡的"字体"选项组中对文字的字体、字号进行设置，结果如图3-89所示。

图3-89

知识拓展

在SmartArt图形中，用户可以对某一个图形的大小进行调整。只需选中所需调整的图形，使用鼠标拖拽的方法即可调整。同时用户还可以在"SmartArt工具–格式"选项卡的"大小"选项组中进行精确调整。

■3.7.3 制作结尾幻灯片

结尾幻灯片的制作方法比较简单，为了首尾呼应，只需在封面幻灯片的基础上进行微调就可以了。

Step 01 **复制封面幻灯片，删除标题内容**。在预览窗格中，使用组合键Ctrl+C和Ctrl+V复制封面幻灯片。使用Delete键删除标题文本框，保留黑色矩形，结果如图3-90所示。

Step 02 **调整矩形的位置与大小**。选中黑色矩形，将光标移动至矩形所需调整的控制点上，使用鼠标拖拽的方法调整其大小，结果如图3-91所示。

图3-90

图3-91

Step 03 **绘制装饰线**。使用"直线"工具，在矩形上、下两侧的合适位置绘制装饰线。其后在"形状轮廓"列表中设置线条的颜色，如图3-92所示。

Step 04 **输入结尾内容**。使用"文本框"功能插入横排文本框，并在文本框中输入结尾警示性的文字内容。其后对其文字的格式进行设置，结果如图3-93所示。

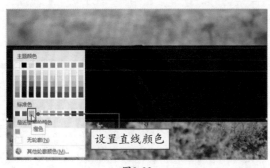

图3-92

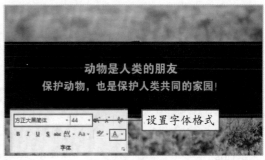

图3-93

至此，野生动物宣传文稿已经全部制作完毕，使用"另存为"功能保存好文件即可。

ⓟ 课后作业

通过对本章内容的学习，相信大家应该对PPT中的图片及图形的应用操作有了深入的了解。为了巩固本章的知识内容，大家可以根据以下的思维导图制作一份以儿童游记为主题的PPT，其版式、风格不限。

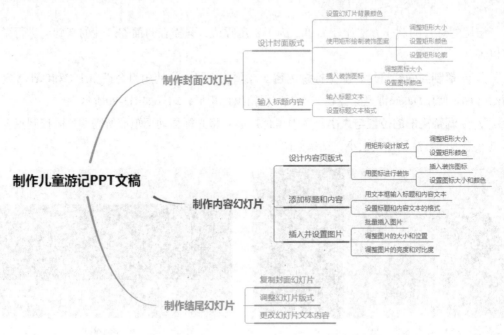

上述思维导图仅供参考，如果你有更好的思路及方法，可以自行绘制思维导图，并根据导图来制作PPT。

NOTE

✎

💡 **Tips**

将此作业通过QQ（1932976052）的形式发送给我们，我们会在QQ群（群号：728245398）中定期进行评选，优胜者将有礼物送出哦！希望大家积极参与。

PowerPoint

第4章

玩转表格和图表

PPT中经常会利用一些表格数据来强调某个观点，以便观众加深印象，提高PPT的说服力。那么，如何在PPT中插入表格或图表呢？什么样的表格或图表可以让观众一目了然，让陈述简洁凝练呢？本章将为你揭晓答案。

- **表格与图表功能的应用**
  - 表格的创建与编辑
    - 创建表格
      - 使用快捷列表创建
      - 使用对话框创建
      - 使用Excel表创建
      - 手工绘制表格
      - 调整Excel电子表格
    - 编辑表格
      - 插入行和列
        - 插入单行或单列
        - 插入多行或多列
        - 删除行或列
      - 调整行高和列宽
        - 手动调整
        - 精确调整
          - 设置行高和列宽的参数
          - 平均分布行和列
      - 设置表格大小
      - 合并和拆分单元格
      - 设置表格的对齐方式
        - 表格文字的对齐方式
        - 文字方向
        - 单元格边距
    - 美化表格
      - 套用内置表格样式
      - 自定义表格样式
  - 表格的另类用法
    - 图文混排
    - 图片处理
  - 图表的创建与编辑
    - 了解图表的种类
      - 母版页
      - 版式页
    - 创建图表
      - 修改图表数据
      - 更改图表类型
      - 更改图表布局
      - 添加图表元素
    - 编辑图表
      - 套用内置图表样式
      - 自定义图表样式
      - 使用形状美化图表
    - 美化图表

知识速记

4.1 表格的创建与编辑

为了便于数据的分析和管理，用户可以为其创建表格。在表格中用户可以快速检索到自己需要的数据信息。下面将向用户介绍一下表格的创建与美化操作。

■ 4.1.1 创建表格

在PPT中表格的创建方法有很多，用户可以根据设计需求选择最便捷的方法进行创建。

扫码观看视频

1. 使用快捷列表创建

在"插入"选项卡中单击"表格"下拉按钮，在打开的列表中会显示10×8的小方格，将光标移至某方格上方，该方格即被选中，同时插入至幻灯片中。如果想要创建8行5列的表格，那么只需将光标从首个方格开始向下滑动8个方格（图4-1），再向右滑动5个方格即可插入（图4-2）。

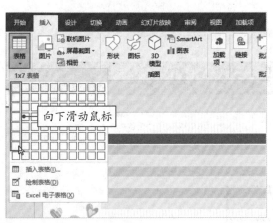

图4-1

图4-2

该方法虽然便捷，但有一定的局限性：一次最多只能插入8行10列的表格。如果不能满足需求，那么用户就要考虑使用其他方法了。

● 新手误区：在"表格"列表中，选择"绘制表格"选项，可以利用拖拽鼠标的方法手动绘制表格。虽然可以创建表格，但其操作起来很不方便，所以建议用户慎用该方法。

2. 使用对话框创建

在"插入"选项卡中单击"表格"下拉按钮，选择"插入表格"选项，在打开的同名对话框中根据需求输入表格的"列数"和"行数"，单击"确定"按钮即可，如图4-3所示。

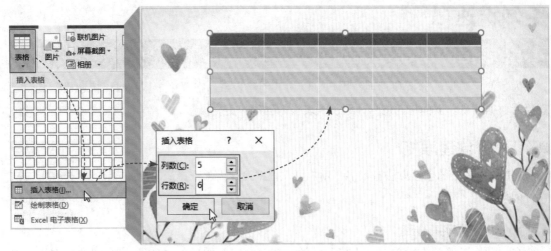

图4-3

3. 使用 Excel 表创建

当用户需要对表格中的数据进行运算时，可以利用"Excel电子表格"功能来创建表格。在"表格"列表中选择"Excel电子表格"选项，幻灯片中随即插入一张电子表格，此时PPT功能区已切换为Excel功能区，如图4-4所示。

图4-4

将光标置于Excel表格右下角，当光标呈双向箭头时，按住鼠标左键拖动鼠标，可以调整表格的大小，双击单元格可以输入文字内容，如图4-5所示。单击表格外的空白处即可完成表格的创建操作。

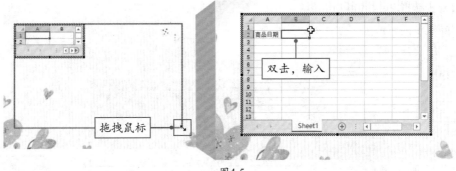

图4-5

知识拓展

　　如果有现成的Excel表，用户可以直接调用。最便捷的方法就是复制表格。打开Excel表，选中所需内容，按组合键Ctrl+C进行复制，然后切换至幻灯片中，右击，根据需要选择相应的"粘贴"选项即可。该方法不仅适用于Excel表，还适用于其他办公软件所制作的表格，如Word、Access等。

■4.1.2　编辑表格

　　插入表格后，通常需要对表格进行一些必要的编辑操作。例如，插入行和列、调整行高和列宽、合并和拆分单元格等，以满足不同数据的编辑要求。

1．插入行和列

　　创建的表格的行数与列数若不能满足用户需求，可以在表格中插入所需的行或列。选中单元格，在"表格工具-布局"选项卡的"行和列"选项组中根据需要选择插入的位置。例如，单击"在上方插入"按钮，此时被选中的单元格的上方即会插入新的空白行，如图4-6所示。单击"在左侧插入"按钮，此时会在该单元格左侧插入新的空白列，如图4-7所示。

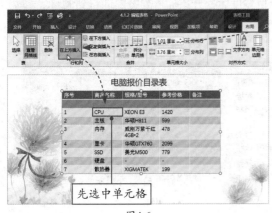

图4-6

图4-7

在表格中选择多行或多列，然后使用"在上方插入"或"在左侧插入"命令，此时将会批量插入相同数量的行或列，如图4-8所示。

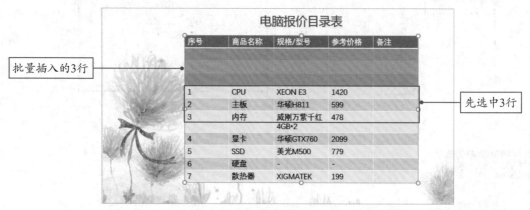

图4-8

在"布局"选项卡的"行和列"选项组中单击"删除"下拉按钮，在展开的列表中选择"删除列"或"删除行"选项即可删除光标所在的行或列，如图4-9所示。

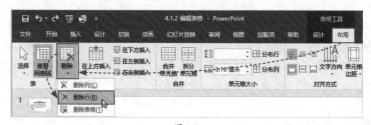

图4-9

2. 调整行高和列宽

默认情况下，创建好的表格可能会存在行高或列宽不协调的状况，这时就需要用户手动去调整。将光标移动到需要调整列宽的边线上，当光标呈"↔"形状时按住鼠标左键，拖动鼠标，光标底部出现一条虚线，如图4-10所示。将其拖到合适宽度后松开鼠标，列宽随即得到调整。

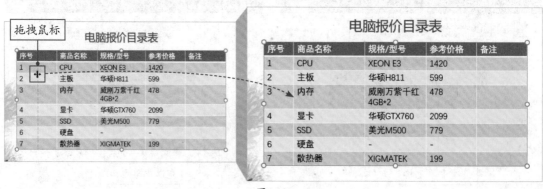

图4-10

同理，将光标置于所需调整的行边线上，当光标变为"≑"形状时按住鼠标左键，拖动鼠标至合适高度后松开鼠标，行高随即得到调整，如图4-11所示。

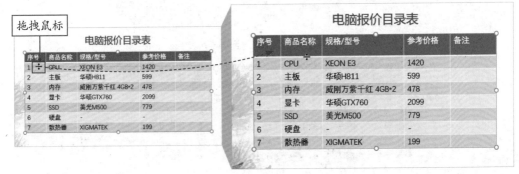

图4-11

3.合并和拆分单元格

为了合理分布表格中的数据，经常需要将单元格进行合并和拆分，下面介绍单元格的合并与拆分方法。

选中要合并的单元格区域，在"布局"选项卡的"合并"选项组中单击"合并单元格"按钮，此时被选中的单元格区域已合并，如图4-12所示。

选中要拆分的单元格，在"布局"选项卡中单击"拆分单元格"按钮，在"拆分单元格"对话框中设置"列数"和"行数"参数值，单击"确定"按钮，此时所选单元格即被拆分，如图4-13所示。

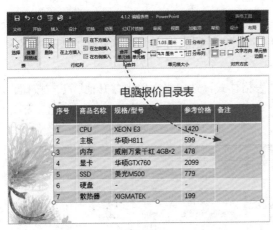

图4-12

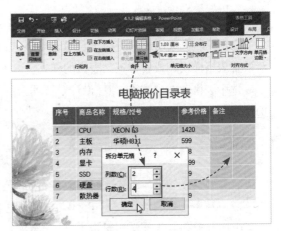

图4-13

4.设置表格文本的对齐方式

默认情况下，输入的表格文本一律左对齐。如果想要将文本设置为其他的对齐方式，只需选中表格，在"表格工具-格式"选项卡的"对齐方式"选项组中单击所需的对齐按钮即可，如图4-14所示。

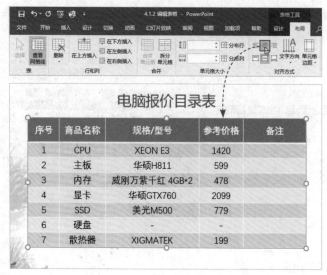

图4-14

知识拓展

　　在PPT中，除了可以设置表格文本的对齐方式外，还可以使用"对齐"命令使表格以指定的方式对齐到幻灯片中。选中表格，在"表格工具-布局"选项卡的"排列"选项组中单击"对齐"下拉按钮，在下拉列表中选择所需的对齐项即可。

■ 4.1.3　美化表格

　　在PPT中默认创建的表格是自带表格样式的。若用户希望表格更美观、更有个性，可以重新设置表格样式，或者自定义表格的样式。

　　选中表格，在"表格工具-设计"选项卡的"表格样式"选项组中单击"其他"下拉按钮，选择所需的样式即可，如图4-15所示。

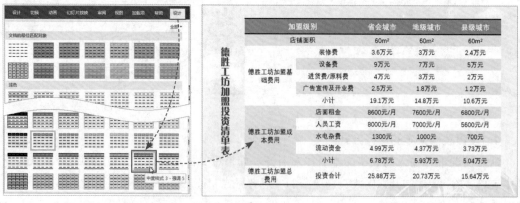

图4-15

如果当前设置的样式无法满足设计要求，可以自定义表格的样式。选中表格，在"表格工具-设计"选项卡的"绘制边框"选项组中设置好笔颜色，然后在"表格样式"选项组中单击"边框"下拉按钮，选择内部竖框线，可以为表格添加竖框线，如图4-16所示。

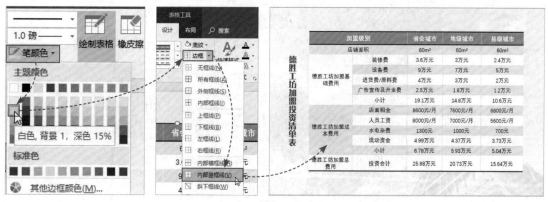

图4-16

选中表格第2行所有单元格，在"表格工具-设计"选项卡的"表格样式"选项组中单击"底纹"下拉按钮，从中选择一款满意的颜色，此时被选中的行已添加了相应的底色。按照同样的方法，给其他单元行添加底色，结果如图4-17所示。

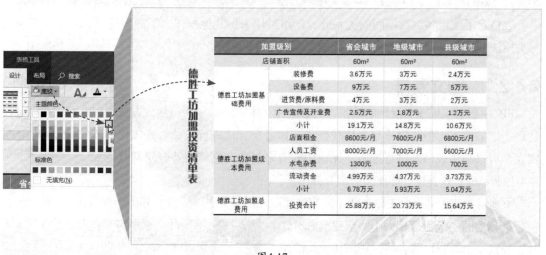

图4-17

知识拓展

用户还可以在"表格样式"选项组中单击"效果"下拉按钮，从中选择一款效果来为当前表格添加特殊效果，如添加单元格凹凸效果、阴影效果和映像效果。添加单元格凹凸效果如图4-18所示。

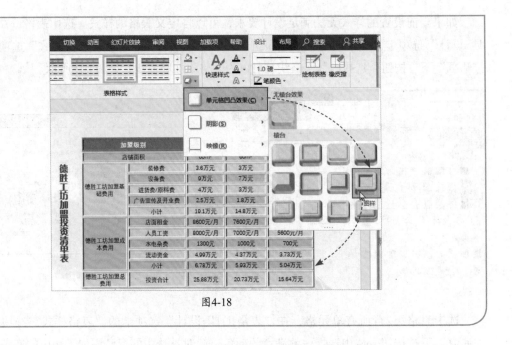

图4-18

4.2 | 表格的另类用法

表格除了展示各组数据间的关系外，还可以用来做其他操作，下面将简单介绍一下表格的另类用法。

■4.2.1 图文混排

PPT中想要实现图文混排的效果，通常利用文本框来操作，虽然该方法可以达到一定的效果，但其操作起来比较繁琐，如要反复地进行各种对齐操作。其实完全可以利用表格来进行排版，无论版式有多复杂，它都能够轻松驾驭，如图4-19所示的是锐普设计师作品的部分截图。

扫码观看视频

下面以制作产品推介主题为例，向用户简单介绍一下表格排版具体的操作方法。

Step 01 **创建并调整表格大小。** 新建空白幻灯片，插入一个4列2行的表格，并将其样式设为"无样式，网格型"。使用拖拽鼠标的方法将表格调整至页面合适的大小，如图4-20所示。

Step 02 **合并单元格。** 选中表格，使用"合并单元格"命令，合并表格中的部分单元格，结果如图4-21所示。

图4-19

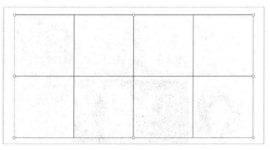

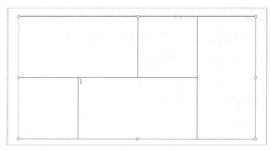

图4-20　　　　　　　　　　　　　　　　　　图4-21

Step 03 **填充单元格背景**。选中首个单元格，在"表格工具-设计"选项卡的"表格样式"选项组中单击"底纹"下拉按钮，选择"图片"选项。在打开的界面中选择"从文件"选项，并在打开的"插入图片"对话框中选择图片1，单击"插入"按钮，如图4-22所示，完成背景图片的插入操作。

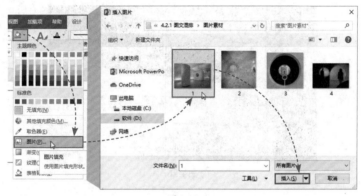

图4-22

Step 04 **填充其他单元格背景**。按照同样的操作，将其他三张图片填充至相应的单元格中，然后对表格最右侧的单元格填充橙色底纹，如图4-23所示。

Step 05 **设置表格边框线样式**。选中表格，在"表格工具-设计"选项卡中单击"笔颜色"下拉按钮，选择"白色"，然后再单击"笔划粗细"下拉按钮，选择"6.0磅"，并在"表格样式"选项组中单击"边框"下拉按钮，选择"所有边框"选项，完成边框线样式的设置，如图4-24所示。

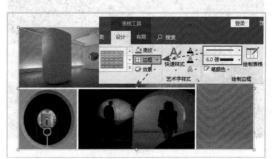

图4-23　　　　　　　　　　　　　　　　　　图4-24

Step 06 **输入表格文字内容。** 选中橙色底纹的单元格，输入相应的文字内容，并设置好它的文字格式，结果如图4-25所示。

● **新手误区：** 为了避免填充的图片出现变形的状况，在调整表格大小时，需要根据图片的尺寸来调整。

图4-25

■4.2.2　图片处理

PPT处理图片的工具有很多，常用的有图片的校正、图片的色调、图片的艺术效果等。其实用户有所不知，利用表格功能也可以将图片处理得很精致，如图4-26所示。

图4-26

下面简单地向用户介绍一下该图片效果的操作方法。

现将所需图片插入至幻灯片中，然后在图片上插入表格（行数、列数可以自行设置）。这里插入的是4行6列的表格，将表格样式设为"无样式，网格型"，并使用拖拽鼠标的方法将表格调整至与图片同等大小，如图4-27所示。

选中表格，将"笔颜色"设为"白色"，"笔划粗细"设为"0.25磅"，然后单击"边框"下拉按钮，选择"内部框线"选项，设置边框的内部框线样式，如图4-28所示。

图4-27

图4-28

在表格中选择所需填充的单元格，单击"底纹"下拉按钮，填充为白色（也可以填充其他颜色，最好与画面颜色相协调），右击填充的底纹，选择"设置形状格式"选项，打开相应的窗格，在此设置透明度为20%，如图4-29所示。

图4-29

设置完成后，再选择其他所需的单元格进行底纹填充和设置透明度。单元格底纹不同，设置的透明度不同。最后选中表格，单击"边框"下拉按钮，选择"无框线"选项即可完成操作。

4.3 图表的创建与编辑

图表的使用可以让复杂的数据关系变得可视化、清晰化、形象化，并能增强幻灯片的感染力，是在幻灯片中进行数据分析的得力工具。

■4.3.1　创建图表

PPT包含了多种不同类型的图表，有柱形图、折线图、饼图、条形图、面积图等。用户需要根据实际情况来选择创建图表的类型。

在"插入"选项卡的"插图"选项组中单击"图表"按钮，如图4-30所示。在打开的"插入图表"对话框中选择一款合适的图表样式，这里选择"柱形图"，单击"确定"按钮便会在当前幻灯片中插入一张柱形图表模板，同时会打开Excel编辑窗口，如图4-31所示。

扫码观看视频

图4-30

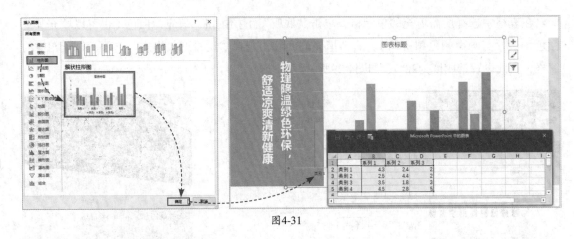

图4-31

在Excel编辑窗口中输入所需的数据信息。在输入的过程中，图表会自动调整各个数据系列，输入完成后关闭Excel编辑窗口，完成图表的创建操作，如图4-32所示。

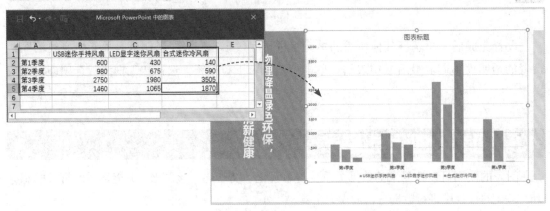

图4-32

■ 4.3.2 编辑图表

图表创建完成后，如果用户对当前的图表布局不满意，可以自行对其进行调整。例如，修改图表数据、更改图表类型、更改图表布局和添加图表元素等。

1．修改图表数据

如果需要对图表的数据进行修改，可以右击数据系列，在快捷菜单中选择"编辑数据"选项，在打开的Excel编辑窗口中对其数据进行修改。修改完成后，图表中对应的数据系列会随之发生变化，如图4-33所示。

2．更改图表类型及布局

右击图表，在快捷菜单中选择"更改图表类型"选项，在打开的同名对话框中选择更改的图表类型，单击"确定"按钮，此时当前的图表类型已经发生了变化，如图4-34所示。

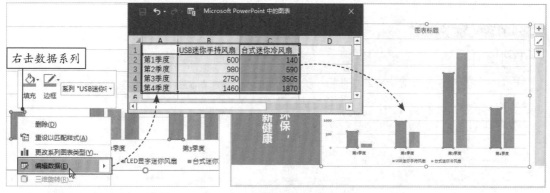

图4-33

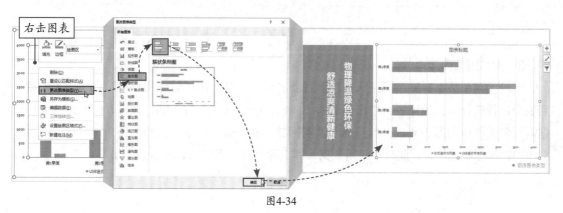

图4-34

知识拓展

以上操作均可以通过功能区中的命令来实现。例如，想要修改图表数据，只需选中图表，在"图表工具-设计"选项卡的"数据"选项组中单击"编辑数据"按钮即可；想要更改图表类型，只需在"图表工具-设计"选项卡的"类型"选项组中单击"更改图表类型"按钮即可，如图4-35所示。

图4-35

用户如果想要更改当前图表的布局，可以选中图表，在"图表工具-设计"选项卡的"图表布局"选项组中单击"快速布局"下拉按钮，从中选择一款满意的布局样式即可，如图4-36所示。

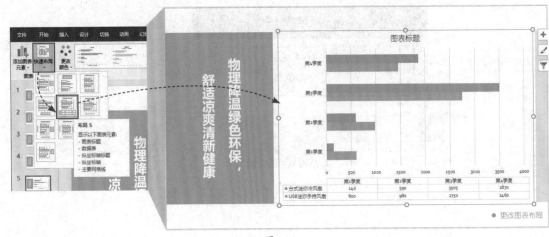

图4-36

3.添加图表元素

图表元素包括坐标轴、网格线、图表标题、数据标签、图例等。用户可以在"图表元素"列表中进行选择。选中图表,单击图表右上角的"图表元素"按钮 ,在打开的快捷列表中根据需要勾选相应的图表元素,如勾选"数据标签"复选框,并单击右侧的三角形按钮,在级联菜单中选择标签的位置,此时在每组数据系列上即可添加相应的数据标签,如图4-37所示。

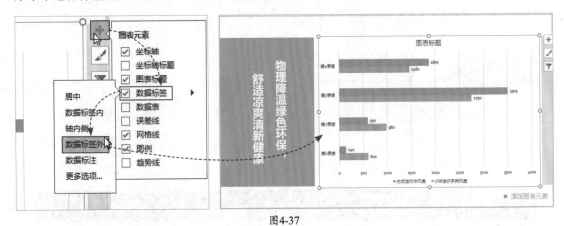

图4-37

■4.3.3 美化图表

默认的图表样式如果满足不了制作要求,用户可以对图表进行美化操作。一般情况下,只需套用默认的图表样式即可。当然也可以在时间充裕的情况下,对图表的样式进行自定义设置,让图表变得更加精致。

选中图表,在"图表工具-设计"选项卡的"图表样式"选项组中单击"其他"下拉按钮,从中选择一款满意的内置样式即可快速美化当前图表,如图4-38所示。

在"图表样式"选项组中单击"更改颜色"下拉按钮，在打开的下拉列表中选择一组颜色即可更改数据系列的颜色，如图4-39所示。

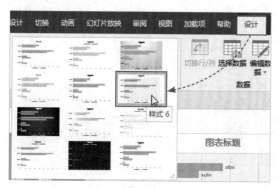

图4-38

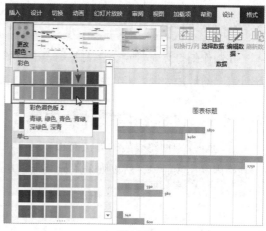

图4-39

用户也可以通过"图表工具-格式"选项卡的"形状样式"选项组中的相关设置项对图表样式进行自定义设置。例如，选中图表中的绘图区域，在"形状样式"选项组中单击"形状填充"下拉按钮，从中选择一款颜色，可以更改绘图区的背景色，如图4-40所示。

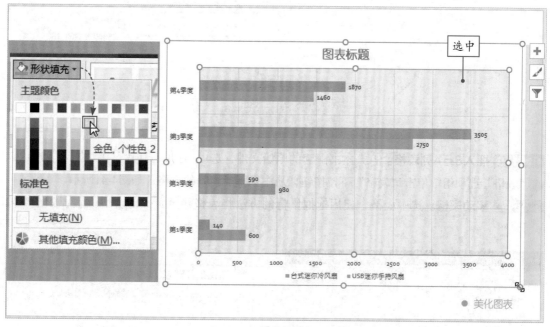

图4-40

● **新手误区：** 用户还可以通过添加背景图片的方式来美化图表。但需要注意的是，选择的图片需要简单大方，拒绝花里胡哨。

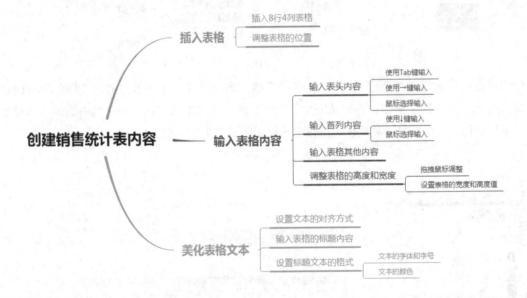

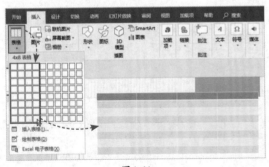

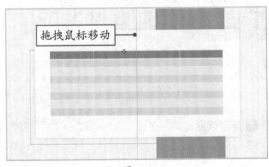

综合实战

4.4 制作各地区家电促销统计表

在制作幻灯片时难免会遇到各类表格及图表的创建操作。下面将以制作"各地区家电促销统计表"幻灯片为例,来介绍表格与图表功能的具体操作。

4.4.1 创建销售统计表内容

在幻灯片中创建表格的方法有很多种,用户可以根据实际情况来选择创建方式。本案例由于表格内容比较简单,所以则采用最便捷的方式进行创建。

Step 01 **插入8行4列表格。**打开本书配套的原始文件,选中第1张幻灯片。在"插入"选项卡的"表格"选项组中单击"表格"下拉按钮,从中选择8行4列的方格,如图4-41所示。

Step 02 **移动表格。**选中表格,使用拖拽鼠标的方法将表格移至页面的合适位置,如图4-42所示。

图4-41

图4-42

Step 03 **输入表头内容。**将光标置于首个单元格中，输入内容，然后按→键输入全部表头内容，如图4-43所示。

Step 04 **输入首列内容。**选择第2行的首个单元格，输入内容，然后按↓键输入该列其他内容，如图4-44所示。

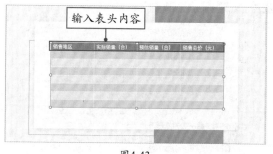

图4-43

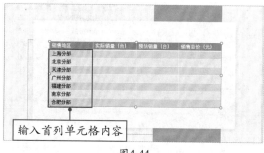

图4-44

Step 05 **输入表格其他内容。**按照以上方法，将表格内容输入完整，如图4-45所示。

Step 06 **设置文本对齐方式。**选中表格，在"表格工具-布局"选项卡的"对齐方式"选项组中单击"居中"和"垂直居中"两个按钮，将表格文本居中对齐，如图4-46所示。

图4-45

图4-46

Step 07 **设置表格的宽度和高度。**选中表格，在"表格工具-布局"选项卡的"表格尺寸"选项组中将"高度"设为"9.5厘米"、"宽度"设为"23厘米"，如图4-47所示。

Step 08 **输入表格标题内容。**使用"绘制横排文本框"命令，在表格上方绘制文本框，输入表格的标题，并将其居中对齐，如图4-48所示。

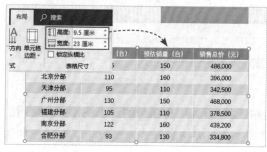

图4-47

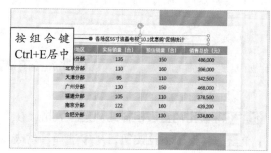

图4-48

Step 09 **设置标题文本格式。**选中标题，设置其字体、字号及颜色，如图4-49所示。

各地区55寸液晶电视 "10.1优惠购" 促销统计			
销售地区	实际销量（台）	预估销量（台）	销售总价（元）
上海分部	135	150	486,000
北京分部	110	160	396,000
天津分部	95	110	342,500
广州分部	130	150	468,000
福建分部	105	110	378,500
南京分部	122	160	439,200
合肥分部	93	130	334,800

图4-49

知识拓展

　　有用户提出："如果需要对表格中的数据进行运算，该怎么操作？"目前来说，PPT表格是没有计算功能的。如果要实现运算操作，只能通过Excel表格来操作，也就是说，通过"对象"命令将Excel表格调入至幻灯片中。双击该表格随即进入Excel界面窗口，在此进行操作即可。

■4.4.2　美化销售统计表

　　表格内容创建好后，为了让表格更加匹配幻灯片的风格，就需要对创建后的表格样式进行一番设计。

扫码观看视频

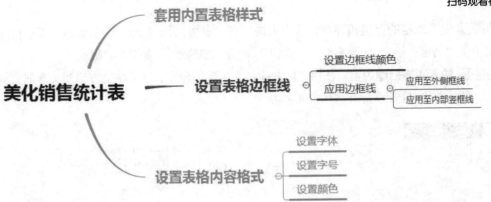

Step 01 **套用内置表格样式。**选中表格，在"表格工具-设计"选项卡的"表格样式"选项组中单击"其他"下拉按钮，从中选择一款表格样式，此时表格的样式已经发生了变化，如图4-50所示。

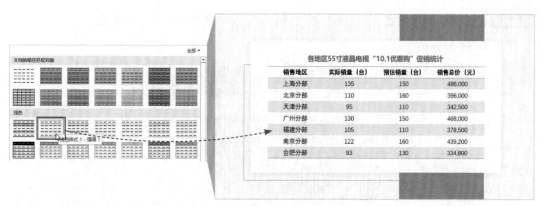

图4-50

Step 02 **设置表格边框颜色。**选中表格，在"表格工具-设计"选项卡的"绘制边框"选项组中单击"笔颜色"下拉按钮，从中选择一款边框颜色，如图4-51所示。

Step 03 **应用至表格外框线。**颜色设置完成后，在"表格工具-设计"选项卡的"表格样式"选项组中单击"边框"下拉按钮，选择"外侧框线"选项，如图4-52所示。

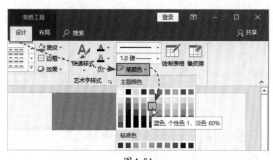

图4-51

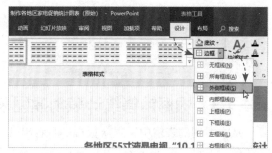

图4-52

Step 04 **应用至内部竖框线。**保持以上相同的设置，再次单击"边框"下拉按钮，从中选择"内部竖框线"选项，如图4-53所示。

Step 05 **查看设置效果。**设置完成后，被选中的表格样式已经发生了变化，如图4-54所示。

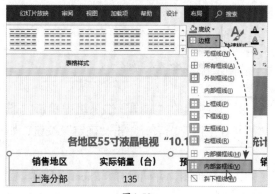

图4-53

图4-54

Step 06 **设置表格内容格式。** 选中表格的文本内容，对其文字的字体、字号及颜色进行相关设置，结果如图4-55所示。

各地区55寸液晶电视"10.1优惠购"促销统计

销售地区	实际销量（台）	预估销量（台）	销售总价（元）
上海分部	135	150	486,000
北京分部	110	160	396,000
天津分部	95	110	342,500
广州分部	130	150	468,000
福建分部	105	110	378,500
南京分部	122	160	439,200
合肥分部	93	130	334,800

图4-55

● **新手误区：** 这一步也许会有人提问，为什么要在这一步设置文本格式，而不在之前设置标题格式时一起设置呢？这是因为表格在套用了内置样式后，其文本格式也会跟着一起发生变化。为避免重复设置，可以在套用表格样式后再调整表格的文本格式。

■ 4.4.3　根据销售统计表创建图表

从本案例的表格中，观众很难一眼看出"实际销量"和"预估销量"这两组数据的差值。为了能够直观地表达出这两组数据的对比情况，使用图表则是较为明智的方法。

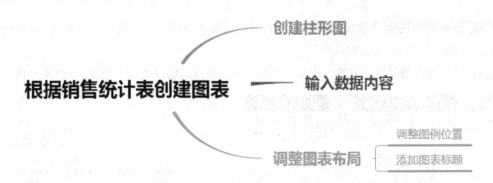

Step 01 **创建柱形图。** 选中第2张幻灯片，在"插入"选项卡的"插图"选项组中单击"图表"按钮，打开"插入图表"对话框，从中选择"簇状柱形图"图表，单击"确定"按钮，如图4-56所示。

Step 02 **输入数据内容。** 此时幻灯片中已经显示了插入的柱形图，并同时打开Excel数据编辑窗口。在该窗口中，根据表格数据输入"实际销量"和"预估销量"这两组数据，如图4-57所示。

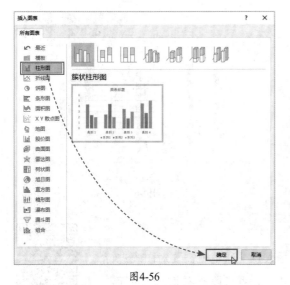

图4-56

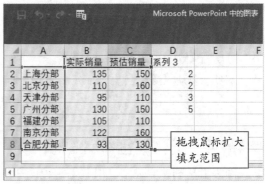

图4-57

Step 03 **查看设置的图表。**数据输入完成后，关闭Excel窗口，此时图表已经发生了相应的变化，如图4-58所示。

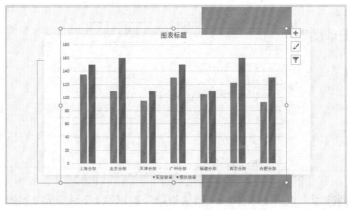

图4-58

Step 04 **设置图例位置。**选中图表，单击图表右侧的"图表元素"按钮 ✚ ，在展开的"图表元素"列表中单击"图例"选项右侧的箭头按钮，在其级联菜单中选择"顶部"选项。此时图例已移动至标题下方，如图4-59所示。

Step 05 **输入图表标题。**选中图表的标题文本框，输入相应的标题内容，如图4-60所示。

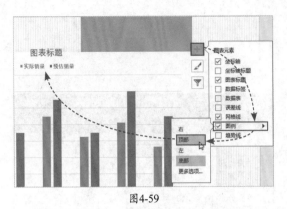

图4-59

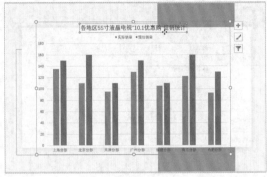

图4-60

■ 4.4.4 美化销售统计图表

图表虽然创建完成了，但其美观程度却不尽人意。这里就需要对图表进行美化。通常美化图表的方法无非是套用图表样式，或者更改图表颜色、布局，而本案例将以制作针管式柱形图为例，来介绍另类美化图表的方法。

扫码观看视频

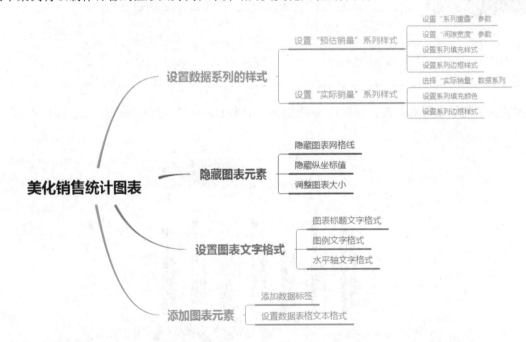

Step 01 **设置系列选项。**双击图表中的"预估销量"数据系列，打开"设置数据系列格式"窗格，在默认展开的"系列选项"列表中，将"系列重叠"设为100%，将"间隙宽度"设为120%，如图4-61所示。

Step 02 **设置"预估销量"系列的填充样式。**设置完成后，两组数据系列完全重合。目前，只能显示"预估销量"的数据系列。在"设置数据系列格式"窗格中，切换到"填充与线条"选项列表 ◇ ，单击"填充"展开按钮，在其列表中单击"无填充"单选按钮，如图4-62所示。

● **新手误区：**通常来说，直接在图表中选择"实际销量"数据系列时，数据系列是被全部选中的，此时就需要借助其他方法来操作。

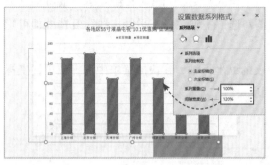

图4-61

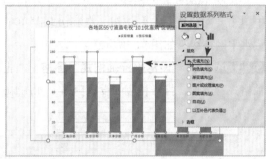

图4-62

Step 03 **设置"预估销量"系列的边框样式。**在"设置数据系列格式"窗格中，单击"边框"展开按钮，并在其列表中单击"实线"单选按钮，将其颜色设为"浅蓝"，如图4-63所示。

Step 04 **选择"实际销量"数据系列。**在"设置数据系列格式"窗格中，单击"系列选项"下拉按钮，从中选择"系列'实际销量'"选项，此时图标中相应的数据系列将被选中，如图4-64所示。

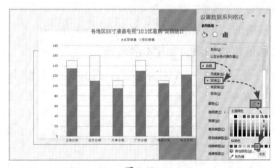

图4-63

图4-64

Step 05 **设置"实际销量"系列填充色。**在"填充"列表中单击"纯色填充"单选按钮，并设置好其填充色，如图4-65所示。

Step 06 **设置"实际销量"系列边框样式。**在"边框"列表中单击"实线"单选按钮，将"颜色"设为"白色"、"宽度"设为"8磅"，如图4-66所示。

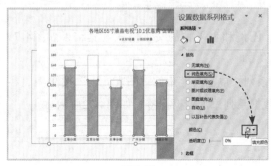

图4-65

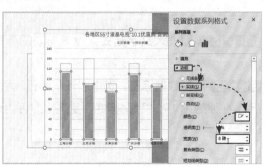

图4-66

● **新手误区：**在设置边框颜色时，其颜色要与图表背景色相同，否则将无法实现针管式效果。

Step 07 **隐藏图表网格线。**选中图表，单击图表右上角的"图表元素"按钮 **+**，在展开的列表中单击"网格线"右侧按钮，在其级联菜单中取消勾选"主轴主要水平网格线"复选框即可隐藏水平网格线，如图4-67所示。

Step 08 **打开"设置坐标轴格式"窗格。**右击图表的纵坐标轴，在快捷菜单中选择"设置坐标轴格式"选项，打开相应的设置窗格，如图4-68所示。

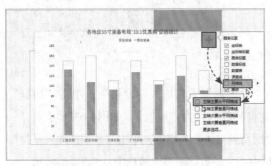

图4-67　　　　　　　　　　　　　　　　图4-68

Step 09 **隐藏纵坐标值。**在"设置坐标轴格式"窗格的"坐标轴选项"列表中，单击"标签"展开按钮，将"标签位置"设为"无"，此时纵坐标值将被隐藏，如图4-69所示。

Step 10 **调整图表大小。**选中图表，将光标放置于图表任意一个对角点上，按住鼠标左键不放，将其拖拽至满意位置即可调整图表大小，如图4-70所示。

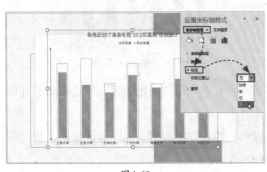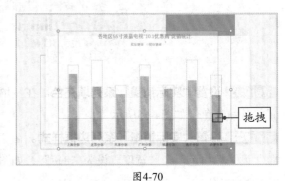

图4-69　　　　　　　　　　　　　　　　图4-70

Step 11 **设置图表文字格式。**设置图表的标题、图例和水平轴的文本格式，其结果如图4-71所示。

Step 12 **添加数据标签。**选中"预估销量"数据系列，单击右上角的"图表元素"按钮 **+**，在展开的列表中勾选"数据标签"复选框即可为该数据系列添加数据标签，如图4-72所示。

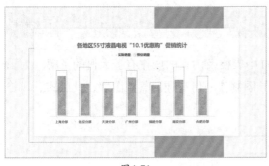

图4-71

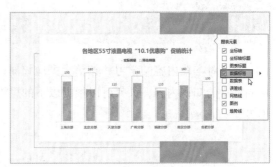

图4-72

Step 13 **选中"实际销量"系列的第二种方法。** 选中图表，在"图表工具–设计"选项卡的"当前所选内容"选项组中单击"图表区"下拉按钮，选择"系列'实际销量'"选项，同样也可以选中该数据系列，如图4-73所示。

Step 14 **添加"实际销量"数据标签。** 单击图表右上角的"图表元素"按钮 ➕，从中勾选"数据标签"复选框，并在其级联菜单中选择"数据标签内"选项即可，如图4-74所示。

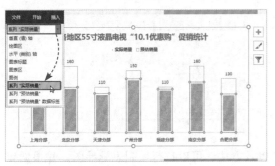

图4-73

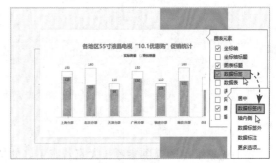

图4-74

Step 15 **设置数据标签文本格式。** 分别选中两组的数据标签，将其文本的字体、字号和颜色进行设置，如图4-75所示。

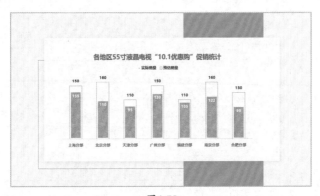

图4-75

至此，家电产品促销统计表及图表幻灯片已经全部制作完成，保存好文件即可。

ⓟ 课后作业

通过对本章内容的学习，相信大家应该对PPT中表格及图表的操作有了大概的了解。为了巩固本章的知识内容，大家可以根据以下的思维导图制作一份有趣的气象图表，其版式、风格不限。

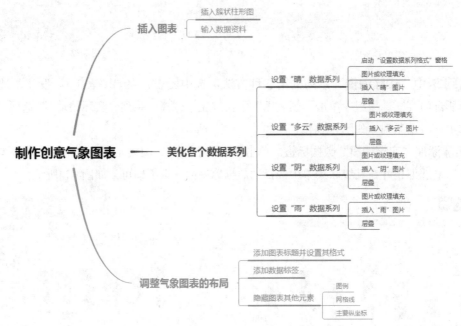

上述思维导图仅供参考，大家若有更好的构思及方法，可以自行绘制思维导图，并根据导图来制作PPT。

NOTE

💡 **Tips**

将此作业通过QQ（1932976052）的形式发送给我们，我们会在QQ群（群号：728245398）中定期进行评选，优胜者将有礼物送出哦！希望大家积极参与。

第 5 章

设置音、视频
不犯愁

有了精致的版式内容，加上合理的音频或视频点缀，那么这份PPT可堪称完美了。在PPT中插入音频或视频，可以使整个PPT变得更为生动、有趣。本章将向用户介绍音频、视频在PPT中的应用操作。

思维导图

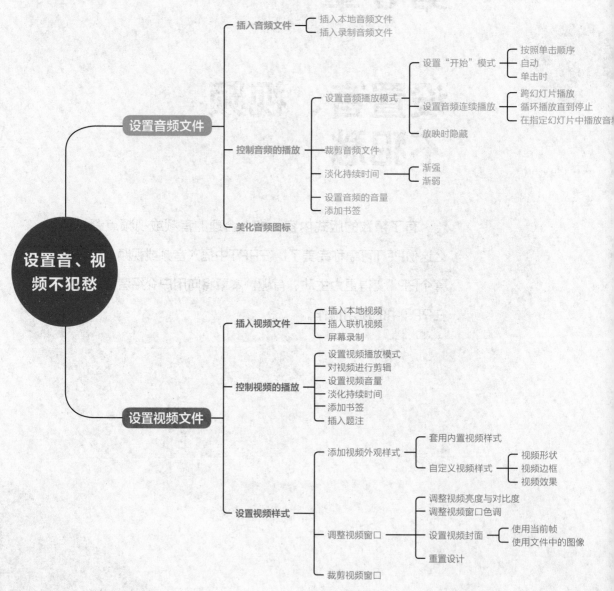

设置音、视频不犯愁

设置音频文件
- 插入音频文件
  - 插入本地音频文件
  - 插入录制音频文件
- 控制音频的播放
  - 设置音频播放模式
    - 设置"开始"模式
      - 按照单击顺序
      - 自动
      - 单击时
    - 设置音频连续播放
      - 跨幻灯片播放
      - 循环播放直到停止
      - 在指定幻灯片中播放音频
    - 放映时隐藏
  - 裁剪音频文件
  - 淡化持续时间
    - 渐强
    - 渐弱
  - 设置音频的音量
  - 添加书签
- 美化音频图标

设置视频文件
- 插入视频文件
  - 插入本地视频
  - 插入联机视频
  - 屏幕录制
- 控制视频的播放
  - 设置视频播放模式
  - 对视频进行剪辑
  - 设置视频音量
  - 淡化持续时间
  - 添加书签
  - 插入题注
- 设置视频样式
  - 添加视频外观样式
    - 套用内置视频样式
    - 自定义视频样式
      - 视频形状
      - 视频边框
      - 视频效果
  - 调整视频窗口
    - 调整视频亮度与对比度
    - 调整视频窗口色调
    - 设置视频封面
      - 使用当前帧
      - 使用文件中的图像
    - 重置设计
  - 裁剪视频窗口

知识速记

5.1 音频文件的设置

在制作幻灯片时，用户可以根据需要插入音频，如音乐、旁白及其他声音文件。将音频插入到幻灯片后，还要熟知声音的播放技巧，这样在放映幻灯片时才能更加从容自如。

5.1.1 插入音频文件

在PPT中用户可以插入本地音频文件，也可以插入自己录制的声音文件。

1．插入本地音频文件

选中所需的幻灯片，在"插入"选项卡的"媒体"选项组中单击"音频"下拉按钮，从中选择"PC上的音频"选项即可插入音频，如图5-1所示。

扫码观看视频

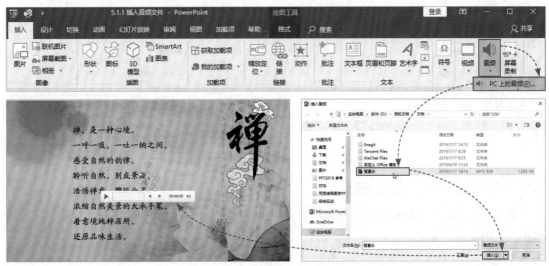

图5-1

选中插入的音频文件，按住鼠标左键不放，将其拖拽至页面的合适位置即可移动音频，如图5-2所示。单击音频播放器中的"播放"按钮，可以试听该音频，如图5-3所示。

图5-2

图5-3

知识拓展

　　默认情况下，播放器是隐藏的，只有单击喇叭图标后才会显示。在该播放器中，用户可以对音频文件进行一些简单的操作，如播放或暂停、向后移动或向前移动及设置音频的音量。

2．插入录制音频文件

　　当幻灯片中的内容需要特别说明时，可以录制旁白对其进行讲解。用户只需在"音频"下拉列表中选择"录制音频"选项，在"录制声音"对话框中进行相关设置即可，如图5-4所示。

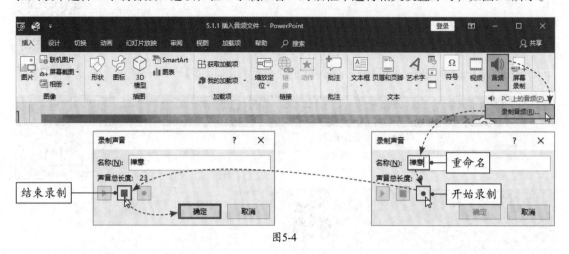

图5-4

■5.1.2　控制音频的播放

　　插入音频后，通常都需要对音频文件进行一系列的设置操作，如剪辑音频、设置音频的播放模式、添加书签等。

1．剪裁音频

　　如果对音频的时间有要求，用户可以对其进行剪裁。选中需要剪裁的音频，在"音频工具-播放"选项卡的"编辑"选项组中单击"剪裁音频"按钮，在打开的对话框中根据需要选择"开始"或"结束"滑块，按住鼠标左键不放，将其拖至进度条的满意位置即可，如图5-5所示。

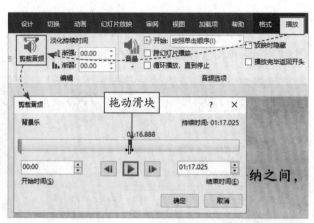

图5-5

单击"播放"按钮可以试听剪裁的效果，如果不满意可以再次进行剪裁，直到满意为止。单击"确定"按钮即可完成音频的剪裁操作。

2. 设置音频播放模式

在放映幻灯片之前，用户还需根据放映条件设置好声音的播放模式。例如，使声音自动播放、跨幻灯片播放、循环播放等。这些都可以在"音频选项"选项组中进行设置，如图5-6所示。

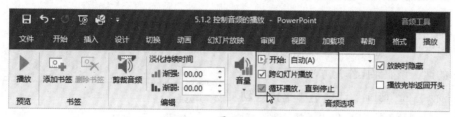

图5-6

- **开始：** 该模式分三种方式，分别为"按照单击顺序""自动"和"单击时"。其中，"按照单击顺序"为默认方式，该方式是按照默认的放映顺序进行播放的；选择"自动"方式，则在放映当前幻灯片时自动播放音频；选择"单击"方式，则在放映当前幻灯片时，单击音频播放按钮才可播放。
- **跨幻灯片播放：** 勾选该选项后，音频会跨页播放，直到结束；相反，不勾选该选项，则音频只会在当前幻灯片中进行播放，一旦翻页，音频会停止播放。
- **循环播放，直到停止：** 勾选该选项后，音频同样会跨页播放，并且会循环播放，直到幻灯片放映结束。
- **放映时隐藏：** 勾选该选项后，在放映PPT的过程中，音频图标会自动隐藏。

3. 添加书签

在指定位置添加书签可以在播放音频时快速定位到书签位置。书签的使用也能够为剪裁音频提供方便。在音频播放器中，拖动进度条至所需位置，使用"添加书签"功能即可，如图5-7所示。如果想要删除书签，只需选中书签，单击"删除书签"按钮即可。

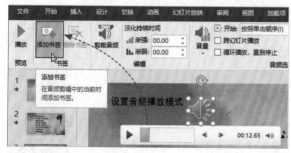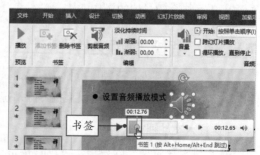

图5-7

除了以上操作外，用户还可以将音频设置为"渐强"和"渐弱"模式。在该模式播放音频时，音频就会根据设定的时间在开始时逐渐由弱变强，而在结束时由强变弱。用户只需在"音频工具-播放"选项卡的"编辑"选项组中设定"渐强"和"渐弱"的参数即可。

4. 在指定幻灯片中播放音频

多张幻灯片中，如果想在某个范围内播放背景音乐的话，该如何操作？方法很简单，选中音频图标，在"动画"选项卡中单击"动画"选项组右侧的小按钮，在"播放音频"对话框的"停止播放"选项组中单击"在：张幻灯片后"单选按钮，并输入指定的幻灯片页数即可，如图5-8所示。

图5-8

5.2 视频文件的设置

在PPT中插入视频可以使整个演示文稿更加生动有趣，那么，视频是如何插入到幻灯片中的呢？下面将介绍具体的操作方法。

■5.2.1 插入视频文件

插入视频的方法有三种，分别为插入本地视频文件、插入联机视频、插入录制视频。这三种方法各有优、缺点，用户可以根据实际情况选用。

1. 插入本地视频文件

计算机中存有现成的视频，可以直接将视频插入至幻灯片中。选择所需幻灯片，在"插入"选项卡的"媒体"选项组中单击"视频"下拉按钮，选择"PC上的视频"选项即可，如图5-9所示。

扫码观看视频

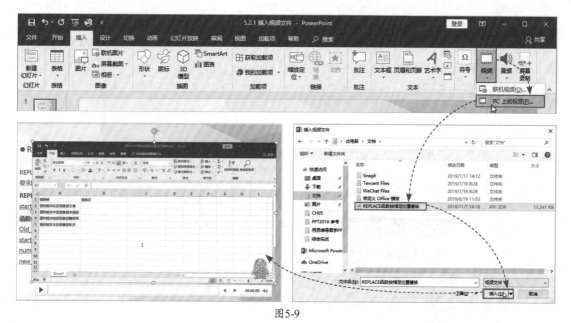

图5-9

● **新手误区：**在插入视频时，有时会提示"PowerPoint无法导入视频，需要更改视频编码器"等信息，这是因为插入的视频格式不正确，以致当前PPT不支持其播放。用户只需更改视频格式即可。一般来说，PPT支持所有主流的视频格式，如wma、wmv、mp4等。

插入的视频会默认放置到页面的中心位置，想要调整其位置和大小，可以利用鼠标拖拽的方法进行调整，如图5-10和图5-11所示。

图5-10   图5-11

该方法的优点是视频的稳定性比较高，操作比较简单；缺点是视频格式有一定的局限性。另外，用户如果使用的是PPT 2007以下的版本，其原视频文件需要与PPT文件存放在一起。如果删除原视频文件，那么插入的视频将无法播放。

2．插入联机视频

所谓的联机视频，就是将网络视频直接链接到幻灯片中。但前提是用户需要知道YouTube上托管的视频名称或网站上的视频代码。

在"插入"选项卡的"媒体"选项组中单击"视频"下拉按钮，选择"联机视频"选项，在"插入视频"窗口中的YouTube输入框或"来自视频嵌入代码"输入框中输入视频名称或代码，如图5-12所示，即可搜索到相关的视频，然后插入到幻灯片中。

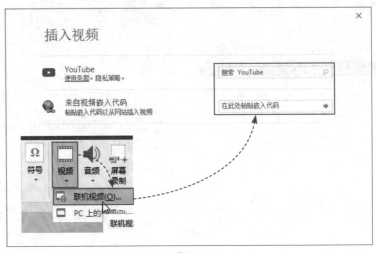

图5-12

该方法的优点是视频文件会直接嵌入至PPT中，方便用户传输、携带；缺点是视频稳定性不好，一旦断开网络或网络信号不好，将直接影响到视频的播放。

3. 屏幕录制

"屏幕录制"功能就是将计算机屏幕的操作录制下来插入到幻灯片中，其操作与其他录屏软件相似。在"插入"选项卡的"媒体"选项组中单击"屏幕录制"按钮，此时系统会自动切换到桌面。在设置窗口中单击"选择区域"按钮，可以使用拖拽鼠标的方法框选出要录制的屏幕范围，如图5-13所示。

单击"录制"按钮进入3秒倒计时，随后开始对屏幕上的操作进行录制，如图5-14所示。

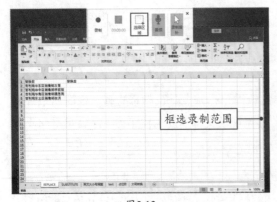

图5-13

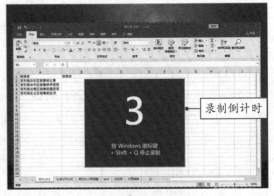

图5-14

● **新手误区：** 在录制时，设置窗口是隐藏的。若想调出该窗口，只需将光标移动至桌面顶部，此时设置窗口将自动显示出来。单击该窗口右侧的"固定"按钮，可以使窗口一直保持显示状态。

　　结束录制，只需在设置窗口中单击"停止"按钮即可。此时刚录制的视频已自动插入至当前幻灯片中，如图5-15所示。

　　该方法的优点是视频播放不会受任何因素的影响，播放流畅，稳定性高；缺点是操作相对繁琐一些。

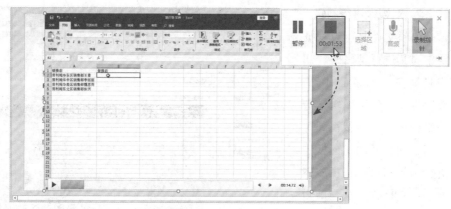

图5-15

■5.2.2　控制视频的播放

　　将视频插入到幻灯片中后，还需要掌握一些视频的播放和编辑技巧，如视频的播放模式、视频的剪辑等。

1．设置视频播放模式

　　在放映幻灯片之前，用户需要设置好视频的播放模式，如视频是需要单击才能播放还是自动播放、视频是否可全屏播放等。

　　在幻灯片中选择所需视频，在"视频工具-播放"选项卡的"视频选项"选项组中，用户可以根据自己的要求来设定播放模式。单击"开始"右侧的下拉按钮，可以设置视频的开始方式。如果选择"单击时"选项，那么在放映幻灯片时，单击视频播放器中的"播放"按钮才可以播放视频，如图5-16所示。

　　勾选"全屏播放"复选框后，当播放该视频时，会全屏播放视频内容，如图5-17所示。

图5-16

图5-17

其他选项与音频播放的设置相同，并且这些选项设置不常用，在此就不一一作介绍了。

2．对视频进行剪辑

　　视频文件是可以根据要求对其进行剪辑的，用户只需在"视频工具-播放"选项卡的"编辑"选项组中单击"剪裁视频"按钮，在打开的对话框中进行剪辑即可，如图5-18所示。其操作方法与剪辑音频文件相同。

调整滑块位置

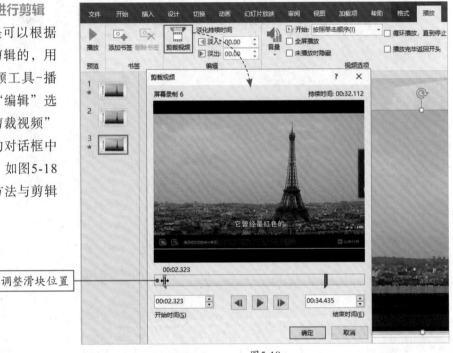

图5-18

■5.2.3　设置视频格式

　　为了美化视频，提升幻灯片的整体质感，用户可以为视频设置与幻灯片相匹配的样式。

扫码观看视频

1．裁剪视频窗口

　　想去除当前视频窗口中的多余内容，可以利用"裁剪"功能进行裁剪。选中视频，在"视频工具-格式"选项卡的"大小"选项组中单击"裁剪"按钮即可。其操作方法与裁剪图片的方法相同，如图5-19和图5-20所示。

图5-19　　　　　　　　　　　　　　　图5-20

2. 更改视频的亮度和对比度

选中视频，在"视频工具-格式"选项卡的"调整"选项组中单击"更正"下拉按钮，从中选择一款满意的样式，即可调整当前视频的亮度及对比度，如图5-21所示。

图5-21

用户也可以对视频的色调进行调整。同样地，在"视频工具-格式"选项卡的"调整"选项组中单击"颜色"下拉按钮，从中选择一款满意的色调即可，如图5-22所示。

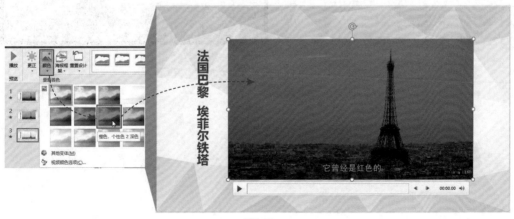

图5-22

3. 设置视频封面

有时会发现视频封面呈黑色的状态，这样会对页面的美观程度造成一定的影响，那么遇到这种情况该如何解决？方法很简单，用户只需在"视频工具-格式"选项卡的"调整"选项组中单击"海报框架"下拉按钮，选择"当前帧"功能即可解决，如图5-23和图5-24所示。

图5-23

图5-24

4. 设置视频外观样式

使用PPT内置的视频外观样式不仅可以节约时间，而且能够有效地美化视频。选中视频，在"视频工具-格式"选项卡的"视频样式"选项组中单击"其他"下拉按钮，从中选择一款满意的样式即可，如图5-25所示。

图5-25

Ⓟ 综合实战

5.3 制作地方风味美食文稿

下面将以制作美食PPT为例，向用户详细介绍音频、视频文件在幻灯片中的应用操作，其中包含音频的插入与播放设置、视频的插入与播放设置。

■ 5.3.1 插入并剪辑背景音乐

对于休闲类的PPT文稿，用户可以为其添加背景音乐，以渲染PPT放映的气氛，从而提高观众的阅读兴趣。

扫码观看视频

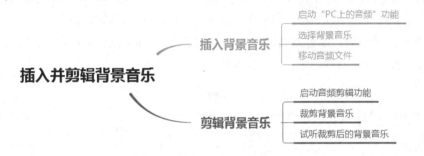

Step 01 **启动"PC上的音频"功能**。打开本书配套的原始文件，选择首张幻灯片，在"插入"选项卡的"媒体"选项组中单击"音频"下拉按钮，选择"PC上的音频"选项。

Step 02 **插入音频文件**。在打开的"插入音频"对话框中选择所需的背景音乐，单击"插入"按钮，此时被选中的音频随即被插入到当前幻灯片中，如图5-26所示。

图5-26

Step 03 **移动音频**。选中插入的音频图标，按住鼠标左键不放，将其拖至页面的合适位置，放开鼠标即可移动音频，如图5-27所示。

Step 04 **启动音频剪辑功能**。选中音频图标，在"音频工具-播放"选项卡的"编辑"选项组中单击"剪裁音频"按钮，打开"剪裁音频"对话框，如图5-28所示。

图5-27

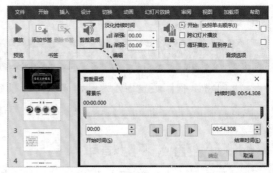

图5-28

Step 05 **剪裁音频文件。** 在打开的对话框中将光标移至"开始"或"结束"滑块上，当光标呈双向箭头时，按住鼠标左键不放，将其拖至满意位置后，放开鼠标，如图5-29所示。

Step 06 **确认剪裁后的效果。** 设置完成后，单击"播放"按钮即可试听剪裁后的音频效果，确认后单击"确定"按钮完成剪裁操作，如图5-30所示。

图5-29

图5-30

● **新手误区：** 添加背景音乐时，最好选择轻音乐。在对音频文件进行剪裁时，"开始"和"结束"这两个滑块间的音频将被保留；相反，两个滑块之外的音频将被剪去。PPT中的"剪裁音频"功能只能对音频进行简单的处理，如去首、去尾。如果只想剪去音频中某一段的话，目前该功能还无法做到。

■5.3.2 设置背景音乐的播放参数

插入背景音乐后，在默认情况下，用户只有单击音频播放器中的"播放"按钮才能够播放背景音乐。如果想要在放映PPT时自动播放音乐，该如何操作呢？下面将介绍具体的操作。

扫码观看视频

控制背景音乐的播放

调整背景音乐的音量 —— 在"音频选项"组中设置音量

在音频播放器中设置音量

设置背景音乐播放模式 —— 设置背景音乐"开始"参数

设置跨幻灯片播放

放映时隐藏

Step 01 **设置音频音量。**选中音频图标，在其播放器中单击右侧的喇叭按钮，用户可以通过调整音量滑块来设置该音频音量的高低，如图5-31所示。

图5-31

知识拓展

用户还可以在功能区中调节音量。在"音频工具-播放"选项卡的"音频选项"选项组中单击"音量"下拉按钮，从中选择合适的音量选项即可，如图5-32所示。

图5-32

Step 02 **设置音频"开始"参数。**选中音频图标，在"音频工具-播放"选项卡的"音频选项"选项组中单击"开始"右侧的下拉按钮，选择"自动"选项，如图5-33所示。

Step 03 **跨幻灯片播放。**在"音频工具-播放"选项卡的"音频选项"选项组中勾选"跨幻灯片播放"复选框，可以跨页播放背景音乐，如图5-34所示。

图5-33

图5-34

● **新手误区：**默认情况下，插入的音频文件只能在当前幻灯片中播放，一旦翻页就会停止播放。那么想要让音频文件持续地播放，启动"跨幻灯片播放"功能即可。

Step 04 **隐藏音频图标。**在"音频工具-播放"选项卡的"音频选项"选项组中勾选"放映时隐藏"复选框，可以在放映该PPT时隐藏音频图标，如图5-35所示。

图5-35

■5.3.3 设置音频播放控制器

添加播放控制器后，在放映时，用户可以通过单击触发按钮来对背景音乐进行控制。

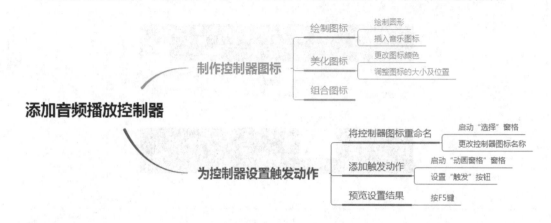

Step 01 绘制形状。利用"圆形"形状在首页幻灯片右下角的合适位置绘制圆形，并将其颜色设为"无填充"，轮廓设为"白色"，如图5-36所示。

Step 02 插入音乐图标。在"插入"选项卡中单击"图标"按钮，在"插入图标"对话框中选择一款音乐图标将其插入，如图5-37所示。

图5-36

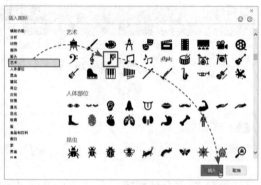

图5-37

Step 03 **设置图标。**选中图标，将其颜色更改为白色，并调整好大小放置于圆形中，如图5-38所示。

Step 04 **组合图标。**选中圆形和音乐图标，在"绘图工具-格式"选项卡中单击"组合"按钮，将其进行组合，如图5-39所示。

图5-38

图5-39

Step 05 **打开"选择"窗格。**选中组合图标，在"开始"选项卡的"编辑"选项组中单击"选择"下拉按钮，从中选择"选择窗格"选项打开相应的窗格，如图5-40所示。

Step 06 **更改组合图标名称。**在图5-40中可以看到被选中的图标（组合9）已被选中。单击"组合9"名称，当其呈可编辑状态时，将其名称改为"音乐图标"，如图5-41所示。

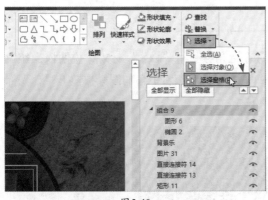

图5-40

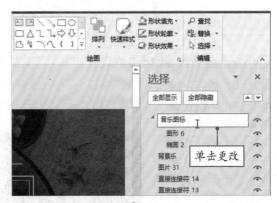

图5-41

知识拓展

　　对图标进行重命名是为了方便用户在设置触发动画时能够快速查找到按钮名称。默认情况下，系统会以"文本框1""矩形1"等名称显示。

Step 07 **打开"动画窗格"。**选中音乐图标，在"动画"选项卡的"高级动画"选项组中单击"动画窗格"按钮，打开其窗格。选中"背景乐"选项，如图5-42所示。

Step 08 设置"触发"按钮。在"动画"选项卡中单击"触发"下拉按钮，"通过单击"选择"音乐图标"。在"动画"选项卡的"高级动画"选项组中单击"动画窗格"按钮，打开其窗格，选中"背景乐"选项，如图5-43所示。

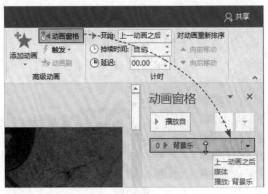

图5-42

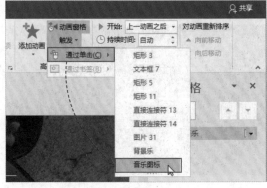

图5-43

知识拓展

触发动画主要是在放映PPT时通过单击某个图标按钮来实现某种动画效果播放的操作。这里使用触发动画是想让PPT在放映时，需要单击音乐图标按钮才可以播放背景音乐。如果不想播放，则无需任何操作。

Step 09 查看设置效果。在设置完成后，喇叭图标左上角会显示"触发"标志，说明该操作设置成功，如图5-44所示。此时按F5键可以放映该PPT。当光标移至右下角的图标按钮上时，光标会呈现出手指形状，单击该按钮后才会播放背景音乐。

图5-44

■5.3.4 插入小视频

在幻灯片中插入视频可以更形象地展示想要表达的内容。下面将使用"屏幕录制"功能为幻灯片添加录制的网络小视频。

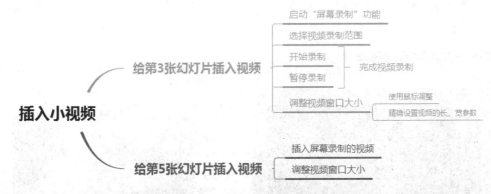

Step 01　启动"屏幕录制"功能。 打开要录制的网络视频界面，选中第3张幻灯片，在"插入"选项卡的"媒体"选项组中单击"屏幕录制"按钮，如图5-45所示。

图5-45

Step 02　框选屏幕录制区域。 在设置窗口中单击"选择区域"按钮，在视频界面中拖拽鼠标框选要录制的区域。此时被框选的区域正常显示，非框选区域则以灰色状态显示，如图5-46所示。

Step 03　开始录制。 在设置窗口中单击"录制"按钮 ⬤，3秒倒计时后，系统则开始录制，如图5-47所示。

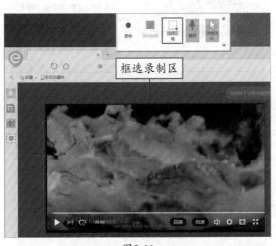

图5-46

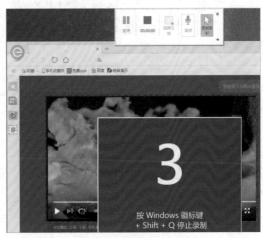

图5-47

Step 04　暂停录制。 在录制过程中，如果需要暂停录制，只需将光标移至设置窗口中，单击"暂停"按钮即可，如图5-48所示。

Step 05 **完成录制**。录制完成后，在设置窗口中单击"停止"按钮■完成录制。此时录制的小视频已自动添加至当前幻灯片中，如图5-49所示。

图5-48

图5-49

Step 06 **调整视频大小**。选中视频任意的对角控制点，按住鼠标左键不放，将其拖拽至满意位置即可调整其大小，如图5-50所示。

Step 07 **插入其他网络视频**。选择第5张幻灯片，按照以上的操作方法，插入一段录制的小视频，并调整好其大小和位置，结果如图5-51所示。

图5-50

图5-51

● **新手误区**：使用"屏幕录制"功能录制的网络视频，在默认情况下是没有声音的。如果想要添加声音，在录制时只需在设置窗口中单击"音频"按钮即可。

■5.3.5　设置视频播放

插入视频后，用户需要对其视频进行一些基础的设置操作，如视频剪辑、视频播放等。

设置视频播放

设置第5张幻灯片视频的播放 —— 剪裁视频 / 设置视频的开始方式

设置第3张幻灯片视频的开始方式

Step 01 **剪裁视频。**选中视频，在"视频工具-播放"选项卡的"编辑"选项组中单击"剪裁视频"按钮，在打开的对话框中拖动"开始"和"结束"两个滑块来对录制的视频进行剪裁，如图5-52所示。

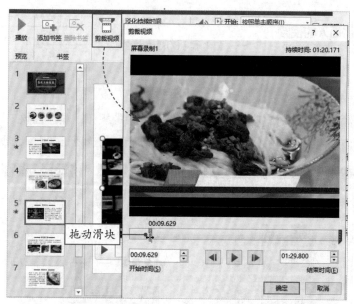

图5-52

Step 02 **设置视频的开始方式。**选中视频，在"视频工具-播放"选项卡的"视频选项"选项组中单击"开始"右侧的下拉按钮，选择"单击时"选项，此时视频是需要单击它才能进行播放的，如图5-53所示。

Step 03 **设置其他视频的开始方式。**选中第3张幻灯片的视频，按照同样的操作将其"开始"方式设为"单击时"，如图5-54所示。

图5-53

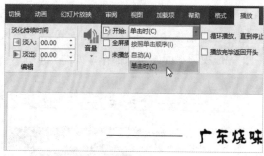

图5-54

■5.3.6　美化视频

下面将对视频的外观进行美化操作，如调整视频的亮度和对比度、设置视频封面、设置视频外观样式等。

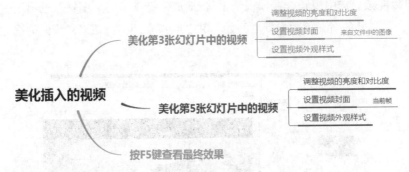

美化插入的视频

美化第3张幻灯片中的视频
- 调整视频的亮度和对比度
- 设置视频封面 —— 来自文件中的图像
- 设置视频外观样式

美化第5张幻灯片中的视频
- 调整视频的亮度和对比度
- 设置视频封面 —— 当前帧
- 设置视频外观样式

按F5键查看最终效果

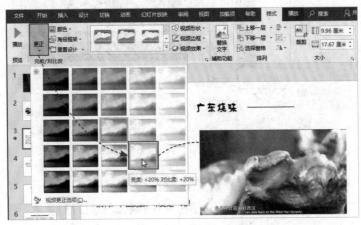

Step 01 **调整视频的亮度和对比度。** 选中第3张幻灯片中的视频，在"视频工具-格式"选项卡的"调整"选项组中单击"更正"下拉按钮，选择一款合适的选项，如图5-55所示。

图5-55

Step 02 **设置视频封面。** 选中视频，在"视频工具-格式"选项卡的"调整"选项组中单击"海报框架"下拉按钮，选择"文件中的图像"选项，在打开的界面中选择"来自文件"选项，并在"插入图片"对话框中选择封面插图，单击"插入"按钮，完成视频封面的添加操作，如图5-56所示。

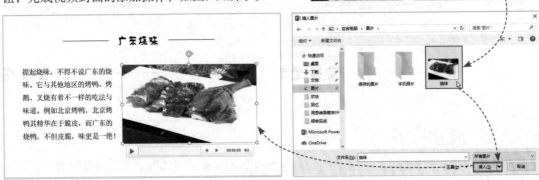

图5-56

Step 03 **将当前帧设为封面。**选中第5张幻灯片中的视频，在视频播放器中拖拽播放进度条至满意的画面，在"视频工具-格式"选项卡中单击"海报框架"下拉按钮，选择"当前帧"选项，此时当前帧的画面将被设定为视频封面，如图5-57所示。

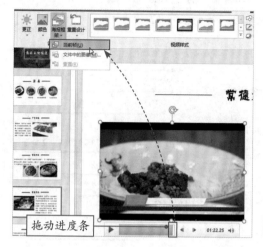

图5-57

Step 04 **设置视频的外观样式。**选中第3张幻灯片中的视频，在"视频工具-格式"选项卡的"视频样式"选项组中单击"其他"下拉按钮，从中选择一款满意的外观样式即可应用于当前视频，如图5-58所示。

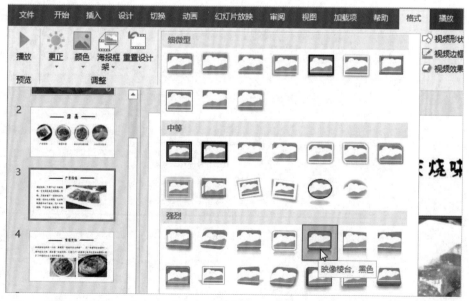

图5-58

按照同样的设置方法，将第5张幻灯片中的视频添加相同的外观样式。至此，地方风味美食文稿已经制作完毕，用户可以按F5键浏览整个文稿。

Ⓟ 课后作业

通过对本章内容的学习，相信大家对音、视频的基本操作有了大概的了解。为了巩固本章的知识内容，大家可以根据以下的思维导图为课件添加音、视频。

为课件插入音频和小视频

在封面页添加背景音乐
- 插入背景音乐
- 对背景音乐进行剪辑
- 设置背景音乐的开始方式

在第2张幻灯片中添加录制视频
- 启动"屏幕录制"功能
- 框选录制范围
- 开始录制
- 停止录制
- 调整视频的外观样式

NOTE

Tips

将此作业通过QQ（1932976052）的形式发送给我们，我们会在QQ群（群号：728245398）中定期进行评选，优胜者将有礼物送出哦！希望大家积极参与。

第 6 章

原来动画
可以这么做

动画，不仅能让PPT变得生动有趣，而且能让PPT的现场表现力得到数倍提升。当然，没有经过设计的动画只会让PPT减分。那么到底PPT动画该如何做才好呢？本章将为你揭晓答案。

ⓟ 思维导图

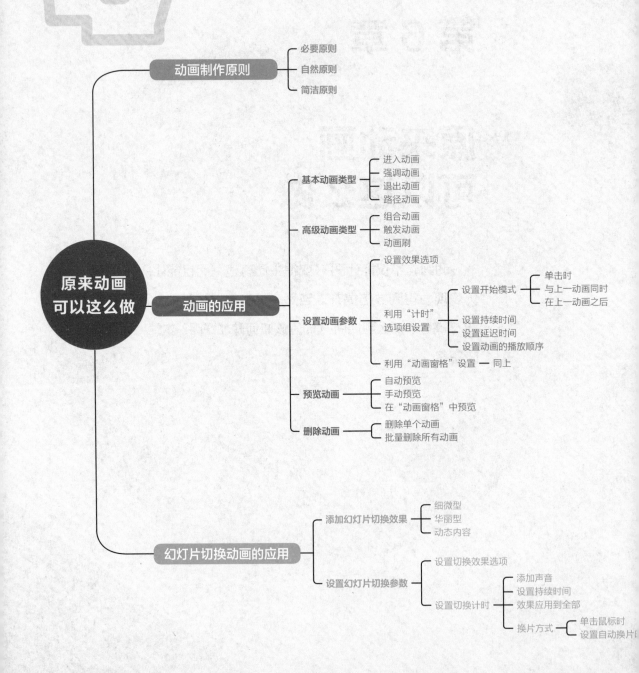

动画制作原则
- 必要原则
- 自然原则
- 简洁原则

原来动画可以这么做

动画的应用
- **基本动画类型**
  - 进入动画
  - 强调动画
  - 退出动画
  - 路径动画
- **高级动画类型**
  - 组合动画
  - 触发动画
  - 动画刷
- **设置动画参数**
  - 设置效果选项
  - 利用"计时"选项组设置
    - 设置开始模式
      - 单击时
      - 与上一动画同时
      - 在上一动画之后
    - 设置持续时间
    - 设置延迟时间
    - 设置动画的播放顺序
  - 利用"动画窗格"设置 — 同上
- **预览动画**
  - 自动预览
  - 手动预览
  - 在"动画窗格"中预览
- **删除动画**
  - 删除单个动画
  - 批量删除所有动画

幻灯片切换动画的应用
- **添加幻灯片切换效果**
  - 细微型
  - 华丽型
  - 动态内容
- **设置幻灯片切换参数**
  - 设置切换效果选项
  - 设置切换计时
    - 添加声音
    - 设置持续时间
    - 效果应用到全部
  - 换片方式
    - 单击鼠标时
    - 设置自动换片时

P 知识速记

6.1 动画的添加原则

在PPT中添加动画是有讲究的，不是什么动画都可以被选择用于PPT中的。它需要遵循以下三项原则：必要性、流畅性和简洁性。下面将对这三项原则进行简单的说明。

■6.1.1 必要原则

添加动画是为了强调某一项观点内容，而不是为了博人眼球。动画有多少之分，过多的动画会喧宾夺主，忽略主题内容；而过少的动画则效果平平，略显单薄。所以动画只需要用在该强调的内容上，而那些只是辅助陪衬的内容，该忽略的就忽略。

> **知识拓展**
>
> 不是所有PPT都需要动画，这要根据PPT主题内容决定。例如，当前主题比较严肃，那么就尽量减少动画或不使用动画；相反，当前主题比较轻松、欢快，那么可以适量地添加动画来渲染场合气氛。

■6.1.2 自然原则

添加的动画一定要符合自然规律，而自然在视觉上的集中体现就是连贯。例如，球体运动往往伴随着自身的旋转；两个物体相撞时肯定会发生惯性作用。那些脱离自然规律的动画，往往会让人心生厌倦。

■6.1.3 简洁原则

除了以上两项原则外，简洁原则也是不容忽视的。用简洁的动画来表达出某项观点，这样观众才会记忆犹新；相反，节奏拖拉、动作繁琐的动画则会快速消耗观众的耐心，从而无心听讲。

● **新手误区：** 在设计动画时，尽量避免使用"慢速""中速"动作，多用"快速"动作。切记同一种动画不要重复、多次地使用。

6.2 动画类型的添加与设置

根据动画的特点，系统将动画分为两大类，分别为基本动画和高级动画。其中，基本动画可以细分为进入、强调、退出和路径动画四种类型；而高级动画可以分为组合动画和触发动画。下面将分别对各类动画进行简要说明。

6.2.1 进入和退出动画

扫码观看视频

进入和退出动画都属于基本动画类型，进入动画是对象从无到有、逐渐出现的动画过程；而退出动画则与之相反，它是对象从有到无、逐渐消失的过程。在"动画"选项卡的"动画"选项组中单击"其他"按钮，打开相关动画列表，根据需要在"进入"和"退出"动画列表中选择所需的效果即可添加，如图6-1所示。

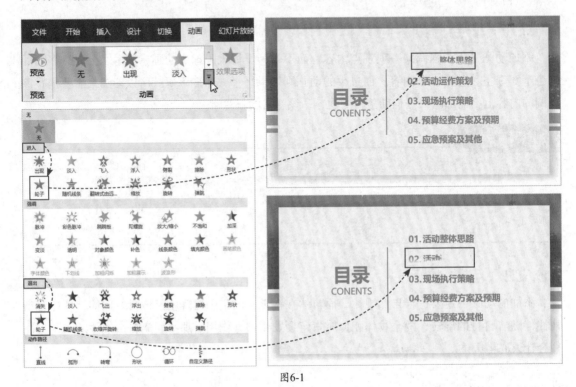

图6-1

在动画列表中用户还可以选择"更多进入效果"或"更多退出效果"选项，来选择更多的动画效果，如图6-2所示。

从动画列表中可以看出，"进入"和"退出"的动画效果是相对应的。例如，"飞入"效果对应"飞出"效果、"切入"效果对应"切出"效果等。

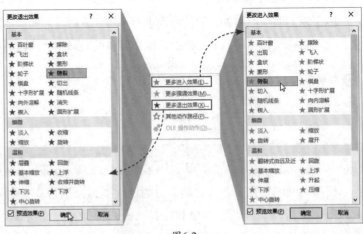

图6-2

在对某对象（文本、图片、图表等）添加动画后，会在该元素左上角显示"1""2""3"等序号，这说明该对象已经添加了相应的动画。当放映该幻灯片时，系统会按照序号播放动画效果，如图6-3所示。当某项动画被选中时，其序号会以橙色底纹显示，如图6-4所示。

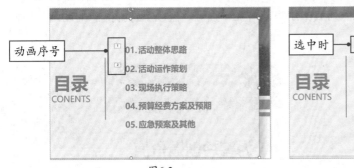
图6-3

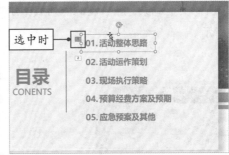
图6-4

知识拓展

添加动画后，系统会自动播放所添加的动画效果。若想取消自动播放功能，只需在"动画"选项卡的"预览"选项组中单击"预览"下拉按钮，取消"自动预览"选项即可，如图6-5所示。取消后用户想要预览动画效果，则单击"预览"按钮即可。

图6-5

设置动画效果后，用户还可以根据设计需求对其效果展示方式进行设置。例如，"轮子"进入动画默认是以"轮辐图案"来展示的，如果需要更换展示方式，可以在"动画"选项卡的"动画"选项组中单击"效果选项"下拉按钮，从中选择一款展示方式即可，如图6-6所示。

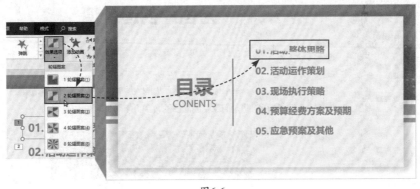
图6-6

■6.2.2 强调动画

对于需要特别强调的对象，可以对其应用强调动画。这类动画在放映过程中能够吸引观众的注意。一般来说，强调动画多用于文本对象上。

选中所需文本对象，在"动画"列表中用户即可在"强调"选项下选择满意的动画效果，如图6-7所示。

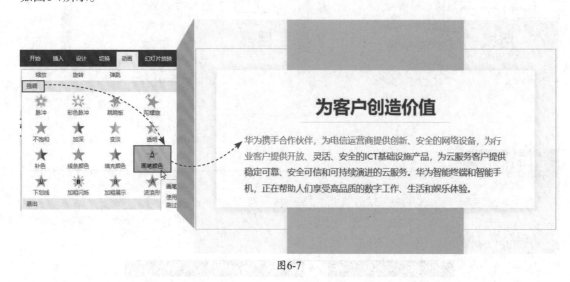

图6-7

图6-7添加的是"画笔颜色"强调效果，可以看出所选的文本会按照播放顺序自动更换文本颜色（默认为橙色）直到最后。动画演示完成后，文本将恢复成原色。用户也可以对"画笔颜色"进行调整。在"动画"选项组中单击"效果选项"下拉按钮，从"主题颜色"列表中选择新颜色即可，如图6-8所示。

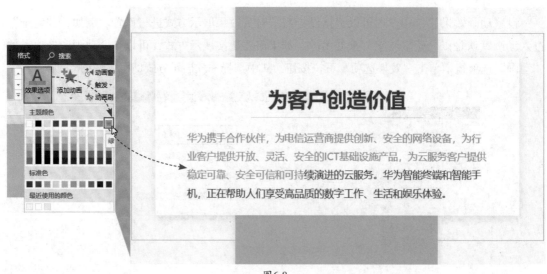

图6-8

■6.2.3　路径动画

扫码观看视频

路径动画会产生让对象按照预设的轨迹进行运动的效果。用户可以使用内置的动作路径，也可以自定义动作路径。

在幻灯片中选中所需对象，在"动画"列表的"动作路径"选项中根据需要选择运动路径，此时，被选中的对象上会显示出相应的运动路径，如图6-9所示。将鼠标放置于路径右侧的控制点上，右击，选择"编辑顶点"选项，使用拖拽鼠标的方法可以调整路径的范围，如图6-10所示。在调整过程中，可以右击控制点，在打开的快捷菜单中选择"添加顶点"或"删除顶点"选项来对路径中的控制点进行调整。路径调整满意后，单击幻灯片的空白处即可退出路径编辑状态。单击"预览"按钮，此时，被选中的对象会按照设定好的路径进行运动，直到结束为止。

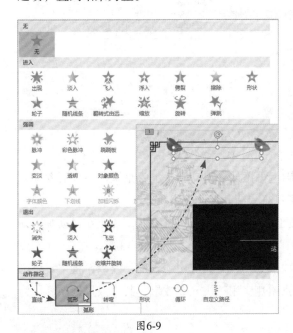

图6-9

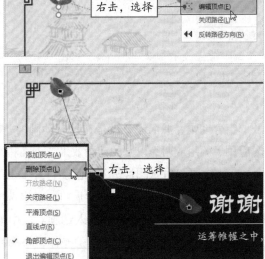

图6-10

知识拓展

在调整路径的过程中，发现路径方向相反，可以右击路径终点，在快捷菜单中选择"反转路径方向"选项即可。路径起点以绿色三角符号显示，终点以红色三角符号显示，如图6-11所示。

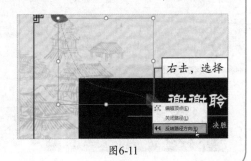

图6-11

如果用户无法控制好路径的范围，可以在"动画"列表中选择"其他动作路径"选项，在打开的"更改动作路径"对话框中选择满意的路径样式即可，如图6-12所示。

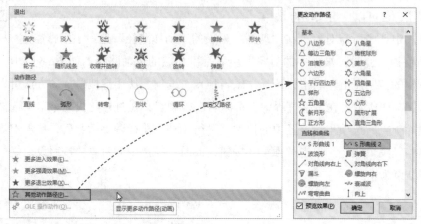

图6-12

● **新手误区：** 对于新手来说，建议不要轻易使用路径动画。虽然该动画的样式很丰富，但控制不好会降低动画的品质。如果有特殊需求的话，则选择简单的路径，如"弧形"或"转弯"即可。

■6.2.4 组合动画

组合动画，顾名思义就是在已有动画的基础上再添加一组动画，也就是说，一个对象上同时应用了两组或两组以上的动画效果。下面将举例来介绍其具体应用。

Step 01 设置第1张图片进入动画。打开本书配套的素材文件，选中第1张图片，在"动画"列表中选择"飞入"动画效果，然后将"效果选项"设为"自顶部"，如图6-13所示。

Step 02 设置第2、3张图片进入动画。选中第2张图片，为其应用"飞入"效果，将"效果选项"设为"自底部"。按照同样的操作，将第3张图片应用"飞入"效果，其"效果选项"设为"自右侧"，如图6-14所示。

图6-13

图6-14

Step 03 **为第1张图片添加退出动画。** 再次选中第1张图片，在"动画"选项卡的"高级动画"选项组中单击"添加动画"下拉按钮，在"退出"选项中选择"飞出"效果，并将其"效果选项"设为"到顶部"，如图6-15所示。

Step 04 **为第2、3张图片添加退出动画。** 按照以上的操作方法，依次将第2、3张图片添加"飞出"动画，将第3张图片的"效果选项"设为"到右侧"，如图6-16所示。

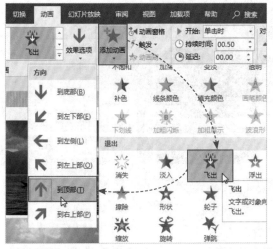

图6-15

图6-16

Step 05 **查看动画效果。** 所有动画设置完成后，在"动画"选项卡中单击"预览"按钮即可预览当前的动画效果，如图6-17所示。

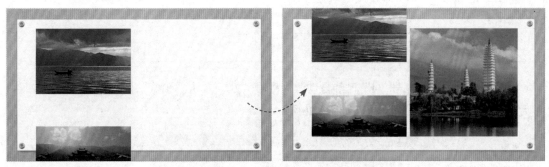

图6-17

知识拓展

　　从以上案例可以看出，在使用两组动画后，每张图片左上角会显示两个动画序号。也就是说，当前图片应用了多少组动画，就会显示相应个数的动画序号。在放映时系统会按照序号来播放动画效果。

如果想要将第1张图片设置为先进入、再退出，然后再进入第2张图片的动画效果，该如何操作呢？很简单，这里需要用到"动画窗格"功能了。

在"动画"选项卡的"高级动画"选项组中单击"动画窗格"按钮，随即会打开相应的窗格。在该窗格中会显示出当前幻灯片中所有的动画对象，如图6-18所示。选中第4个动画对象，此时图片中相应的动画序号也同时被选中。确认后，按住鼠标左键不放，将其拖拽至第1个动画对象下方，如图6-19所示。

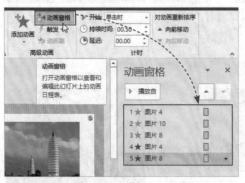

图6-18   图6-19

知识拓展

除了使用鼠标拖拽的方法调整动画顺序外，还可以通过单击窗格右上角的"上移"按钮▲或"下移"按钮▼来调整。

在该窗格中，用户可以通过标志来区分所应用的动画类型。例如，★标志为进入动画；★标志为退出动画；★标志为强调动画。选中窗格中任意的动画对象，单击"播放自"按钮可以查看当前动画效果，单击"全部播放"按钮可以查看窗格中所有的动画效果。

调整完成后，原先序号"4"已经自动改为序号"2"。单击"预览"按钮，系统就会按照调整后的顺序播放相应的动画效果，如图6-20所示。

图6-20

6.2.5 触发动画

触发动画是指在单击某个特定对象后才会触发的动画。在PPT中用户可以通过"触发"按钮来实现触发动画。下面将举例介绍具体的设置操作。

Step 01 设置"可回收物"触发动画。打开本书配套的素材文件，先选中"可回收物"左侧的文本框，为其添加"缩放"进入动画，然后在"动画"选项卡的"高级动画"选项组中单击"触发"下拉按钮，选择"通过单击"选项，在其级联菜单中选择"可回收物"选项，如图6-21所示。

Step 02 设置其他触发动画。设置后原先的动画序号"1"更改为触发图标"⚡"。按照以上同样的操作，将"餐厨垃圾""有害垃圾"和"其他垃圾"的文本框分别链接到相应的图片上，如图6-22所示。

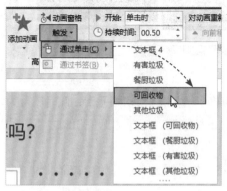

图6-21

图6-22

Step 03 查看动画效果。按组合键Shift+F5可以放映当前幻灯片。将光标移至图片上时，光标会变成手指形状，单击图片随即会打开相应的文本内容，如图6-23所示。按Esc键可以退出放映状态。

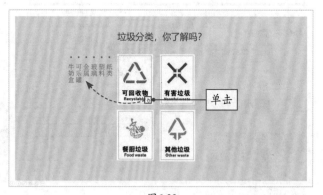

图6-23

6.2.6 设置动画参数

默认情况下，动画需要通过单击鼠标才能进行播放，那么，如何让它自动播放呢？这时就需要对动画的一些参数进行调整。例如，设置动画的开始模式、持续时间、延时等。下面以"6.2.4 组合动画"为例，来介绍一些必要参数的设置操作。

Step 01 **设置序号"1"的开始模式。**打开"动画窗格",选择第1项动画元素,在"动画"选项卡的"计时"选项组中单击"开始"右侧的下拉按钮,选择"与上一动画同时"选项,如图6-24所示。

Step 02 **调整动画序号。**一旦设置"开始"模式后,原序号"1"自动更改为"0"。此时所有的动画序号将重新调整。原序号"2"已更改为"1",以此类推,如图6-25所示。

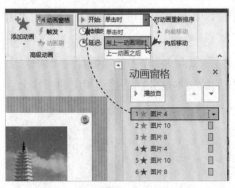

图6-24

图6-25

Step 03 **设置调整后的序号"1"的开始模式。**在动画窗格中选择第2项动画元素,此时序号为"1"的动画被选中。在"计时"选项组中单击"开始"下拉按钮,选择"上一动画之后"选项,如图6-26所示。

Step 04 **设置其他动画的开始模式。**按照同样的操作,将其他动画元素的开始模式都设为"上一动画之后",此时所有序号都显示为"0",如图6-27所示。

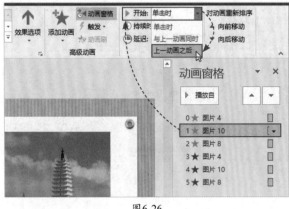

图6-26

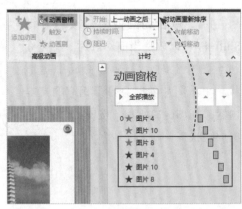

图6-27

按F5键查看设置效果。此时系统会自动播放动画,无需通过一次次单击鼠标的方式播放动画了。以目前的效果来说,每张图片展示的时间过短,观众没有看清就结束了。这时就需要调整动画的"延迟"参数。在动画窗格中,选择第4项动画元素,在"计时"选项组中设置"延迟"时间为"02.50"(2.5秒)即可,如图6-28所示。

再次按F5键，发现图片进入后会停顿2.5秒，然后再退出。这样的动画节奏才舒适。

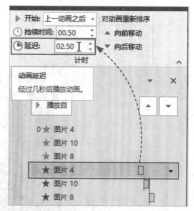

● **新手误区：**新手在设置动画参数时，尽量不要调整动画的"持续时间"，将其保持默认值为好。如果有特殊要求，可以适当减少持续时间，切勿加长时间。

图6-28

6.3 切换动画的添加与设置

幻灯片切换动画是指在放映过程中从上一张幻灯片切换到下一张幻灯片时，视图中所呈现出的动画效果。通过设置可以控制切换的速度、声音，甚至还可以自定义切换效果的属性。

■6.3.1 应用切换效果

设置页面切换效果可以使幻灯片的放映变得更加生动华丽，切换效果包括细微型、华丽型和动态内容三大类。用户可以根据需要选择合适的切换效果。

在"切换"选项卡的"切换到此幻灯片"选项组中单击"其他"下拉按钮，在打开的列表中选择切换效果即可，如图6-29所示。

扫码观看视频

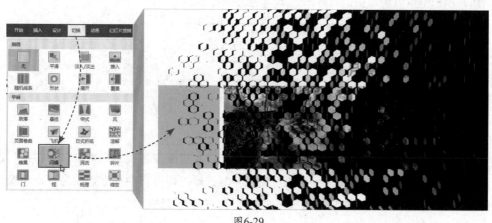

图6-29

在"切换"选项卡的"切换到此幻灯片"选项组中单击"效果选项"下拉按钮，从中可以选择效果展示的方式，如图6-30所示。

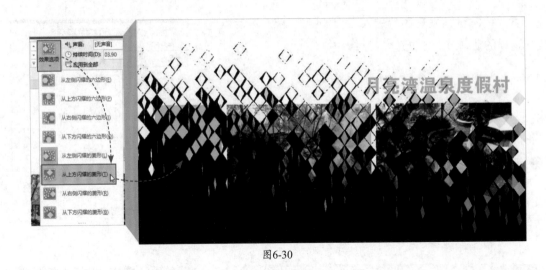

图6-30

　　PPT 2019版的切换效果增添了一项"平滑"效果。该效果在转场时会产生平滑过渡的效果，给人以流畅、优雅的感觉。使用"平滑"效果中的"对象"模式，可以将图形的位置、大小和颜色进行平滑过渡。

■6.3.2　编辑切换声音和速度

　　在为幻灯片页面设置了切换效果后，用户可以修改切换的速度，并添加切换音效。选中所需幻灯片，在"切换"选项卡的"计时"选项组中单击"声音"下拉按钮，在其下拉列表中选择合适的声音选项即可。在"持续时间"输入框中可以设置页面的切换时间，如图6-31所示。在"计时"选项组中单击"应用到全部"按钮，可以将当前切换效果统一应用到其他幻灯片中。当然，用户也可以为每张幻灯片添加不同的切换效果。

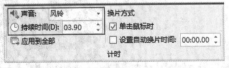

图6-31

■6.3.3　设置幻灯片切换方式

　　幻灯片默认的切换方式为单击鼠标进行切换。用户若想改变切换方式可以在"切换"选项卡的"计时"选项组中勾选"设置自动换片时间"复选框，即可将换片方式设为自动切换，单击右侧的参数框，设定好当前幻灯片的放映时间即可，如图6-32所示。

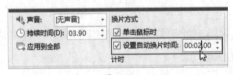

图6-32

综合实战

6.4 为水资源现状调查报告添加动画效果

如何让一份枯燥无味的报告变得生动有趣？其诀窍在于动画。而对于这类商务型的报告，在动画的制作上是有讲究的，不能太炫，也不能平淡，这种程度很难把控。下面将以制作"水资源现状调查报告"动画为例，来介绍这种类型的PPT动画该如何呈现为好。

■6.4.1 制作封面页动画

封面页动画主要以突出标题内容为准，其他元素只作为点缀，或者不加动画。

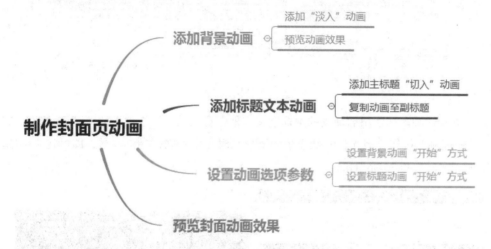

Step 01 **为封面背景添加"淡入"动画。**打开本书配套的原始文件，选择封面页中的背景图形，在"动画"选项卡的"动画"选项组中选择"淡入"动画效果，如图6-33所示。

Step 02 **查看动画效果。**选择完成后，系统会自动播放动画预览。用户也可以在"动画"选项卡的"预览"选项组中单击"预览"按钮，也可以查看当前的动画效果，如图6-34所示。

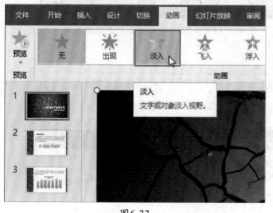

图6-33

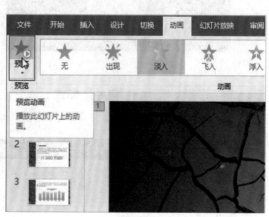

图6-34

Step 03 为主标题添加"切入"动画。选中主标题文本框，在"动画"选项卡的"动画"选项组中单击"其他"下拉按钮，选择"更多进入效果"选项，在"更改进入效果"对话框中选择"切入"动画，单击"确定"按钮，如图6-35所示。

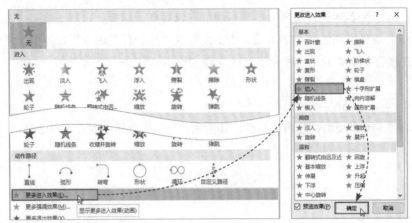

图6-35

Step 04 复制动画。选中添加动画的主标题文本框，在"动画"选项卡的"高级动画"选项组中单击"动画刷"按钮，当光标右侧显示刷子形状时，单击副标题文本框，即可将主标题动画应用到副标题上，如图6-36所示。

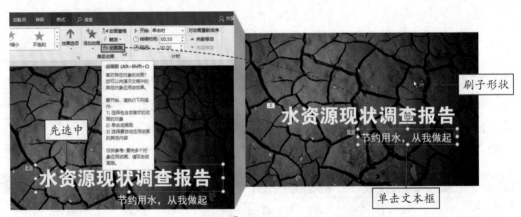

图6-36

Step 05 设置背景动画"开始"模式。选中背景形状，在"动画"选项卡的"计时"选项组中单击"开始"右侧的下拉按钮，选择"与上一动画同时"模式，如图6-37所示。

图6-37

Step 06 设置主标题动画"开始"模式。选中主标题文本框，按照以上相同的操作，将"开始"模式设为"上一动画之后"，如图6-38所示。

图6-38

Step 07 查看封面动画效果。在"动画"选项卡中单击"预览"按钮，即可预览封面所有的动画效果。

■ 6.4.2　制作内容页动画

　　一般内容页的动画包括文本动画、图表动画、图片动画等，用户可以根据内容的不同来制作。由于本案例的内容页是以文本和图表为主，那么这里就重点介绍文本及图表动画的制作方法。

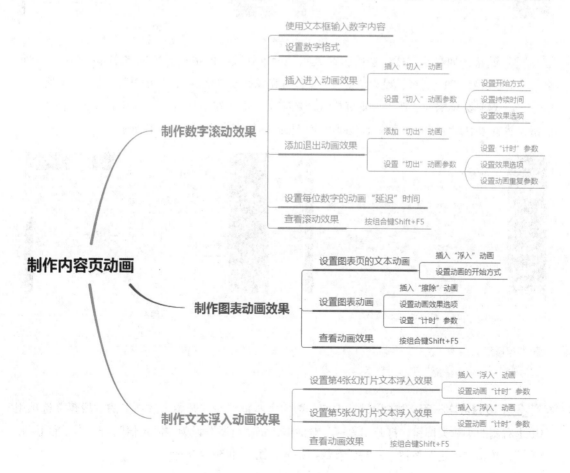

1．制作数字滚动效果

为了强调数据的重要性，可以为其添加一些动画效果。本案例将为数据添加滚动效果，从而起到一定的警示作用。

扫码观看视频

Step 01 **使用文本框输入数字**。选择第2张幻灯片，插入文本框，并输入数字1~9，每个数字占一行（共9行），如图6-39所示。

Step 02 **输入目标数字**。选中输入的数字列，将其进行复制，然后分别在数字最后一行输入目标数字5000（共10行），如图6-40所示。

图6-39

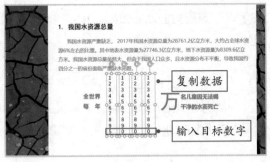

图6-40

Step 03 **调整一列数字格式**。选中这些数字，设置好数字的格式。这里将字体设为"微软雅黑"，字号设为"72"，颜色设为"橙色"，设置完成后该列数字会溢出屏幕外，如图6-41所示。

Step 04 **复制数字格式**。选中设置好格式的数字文本框，在"开始"选项卡中双击"格式刷"按钮，然后选中其他三列数字文本框即可应用相同的数字格式，如图6-42所示。

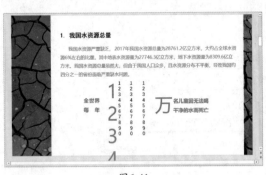

图6-41

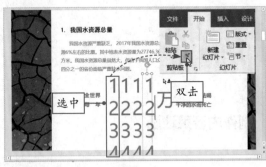

图6-42

● **新手误区：**单击"格式刷"按钮，只能复制一次格式；而双击"格式刷"按钮可以复制多次，但结束复制时，需要按键盘上的Esc键退出该功能。

Step 05 **设置数字行距**。按Ctrl键选中四列数字文本框，在"开始"选项卡的"段落"选项组中单击右侧的小箭头按钮，打开"段落"对话框，将"行距"设为"固定值"，其"设置值"设为"0"，单击"确定"按钮，此时所有数字挤成一团，如图6-43所示。

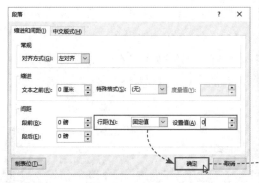

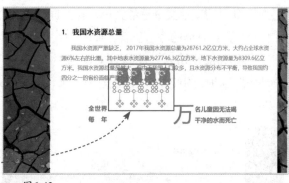

图6-43

Step 06 **设置文本效果。**按保存数字文本框选中状态，在"绘图工具-格式"选项卡的"艺术字样式"选项组中单击"文本效果"下拉按钮，从中选择"转换"选项，并在其级联列表中选择"正方形"效果，此时被选中的数字已发生了相应的变化，如图6-44所示。

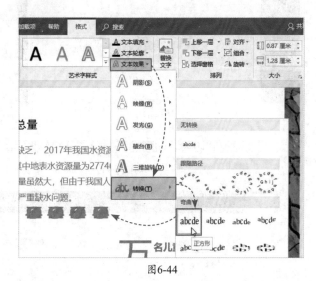

图6-44

Step 07 **设置文本框的大小。**右击第1个数字文本框（千位数），选择"设置形状格式"选项，打开相应的窗格。单击"大小与属性"按钮，在"大小"选项列表中对"高度"和"宽度"的参数进行设置，这里均设为1.7厘米，如图6-45所示。

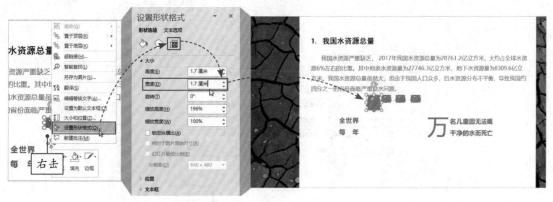

图6-45

Step 08 **设置其他文本框的大小。** 按照同样的操作方法，调整好其他三个数字文本框的大小，并将其放置到页面的合适位置，如图6-46所示。

Step 09 **添加"切入"动画效果。** 选中第4个数字文本框（个位数），在"动画"选项卡的"动画"选项组中选择"更多进入效果"选项，在打开的对话框中选择"切入"动画，如图6-47所示。

图6-46

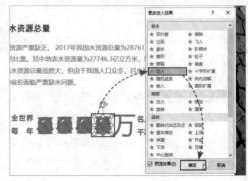

图6-47

Step 10 **设置"切入"动画的开始模式及持续时间。** 在"动画"选项卡的"计时"选项组中将"开始"模式设为"与上一动画同时"，将"持续时间"设为"0.1"，如图6-48所示。

图6-48

Step 11 **设置"切入"动画的效果选项。** 在"动画"选项卡中单击"动画窗格"按钮，打开相应的窗格。右击切入动画项，选择"效果选项"选项，在"切入"对话框中将"动画文本"设为"按词顺序"，并将"字/词之间延迟"设为"50%"，如图6-49所示。

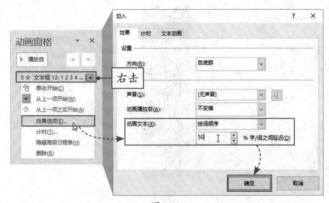

图6-49

Step 12 **添加"切出"动画。** 保持该文本框的选中状态，在"动画"选项卡的"高级动画"选项组中单击"添加动画"下拉按钮，从中选择"更多退出效果"选项，在"添加退出效果"对话框中选择"切出"动画，如图6-50所示。

Step 13 **设置"切出"动画的计时参数。** 在"动画"选项卡的"计时"选项组中将"开始"模式设为"与上一动画同时"，将"持续时间"设为"0.1"，将"延迟"也设为"0.1"，如图6-51所示。

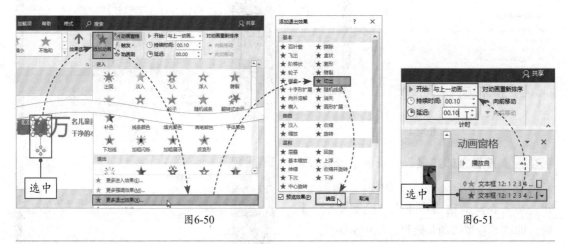

图6-50　　　　　　　　　　　　　　　图6-51

● **新手误区：** 如果用户需要在一组动画的基础上再添加另一组动画，那么就在"添加动画"列表中选择动画；而用户只想替换当前动画，那么就在"动画"选项组中选择动画。这两个功能看似一样，但其效果是不一样的。

Step 14 **设置"切出"动画的效果选项。** 在"动画窗格"中右击切出动画项，在弹出的快捷菜单中选择"效果选项"选项，在"切出"对话框中将"方向"设为"到顶部"，将"动画文本"设为"按词顺序"，并将"字/词之间延迟"设为"50%"，如图6-52所示。

Step 15 **设置"切出"动画重复参数。** 在"切出"对话框中单击"计时"选项卡，将"重复"设为"0.9"，单击"确定"按钮，如图6-53所示。

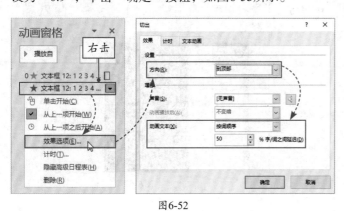
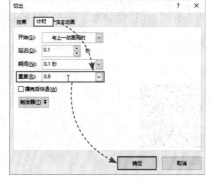

图6-52　　　　　　　　　　　　　　　图6-53

Step 16 **查看个位数字的滚动效果。** 设置完成后，在动画窗格中单击"全部播放"按钮，可以浏览个位数字的滚动效果，如图6-54所示。

Step 17 **复制个位数的动画。** 使用"动画刷"功能，将个位数动画分别复制到十位、百位、千位数字上，然后调整每位数的"切入"和"切出"动画的延迟时间，参数设置如图6-55所示。

图6-54

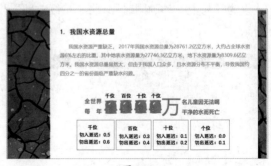

图6-55

Step 18 **查看整体效果。** 所有数字参数设置完成后，在"动画"选项卡中单击"预览"按钮，或者在动画窗格中单击"全部播放"按钮，即可查看整体动画效果，如图6-56所示。

图6-56

2. 制作图表动画效果

在图表上添加恰当的动画，其目的就是让观众更好地去理解各组数据之间的关系。

Step 01 **为文本添加"浮入"动画。** 选中第3张幻灯片的文本内容，在"动画"选项卡的"动画"选项组中选择"浮入"动画，其"效果选项"保持默认状态，如图6-57所示。

扫码观看视频

图6-57

Step 02 设置"浮入"动画的开始模式。在"动画"选项卡的"计时"选项组中将"开始"模式设为"与上一动画同时"，如图6-58所示。

图6-58

Step 03 为图表标题添加"浮入"动画，并设置开始模式。选中图表标题，在"动画"列表中选择"浮入"动画，然后在"计时"选项组中将"开始"模式设为"上一动画之后"，如图6-59所示。

图6-59

Step 04 为每组数据系列添加"擦除"动画，并设置动画参数。选中图表的绘图区，在"动画"列表中选择"擦除"动画，并在"效果选项"列表中将"序列"设为"按类别"。在"计时"选项组中将"开始"模式设为"上一动画之后"，如图6-60所示。

Step 05 查看动画效果。在"动画"选项卡中单击"预览"按钮，可以查看设置的动画效果，如图6-61所示。

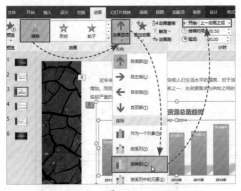

图6-60

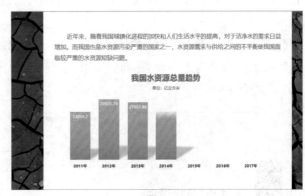

图6-61

知识拓展

　　为图表添加动画后，用户会发现在动画窗格中图表每组的数据系列会自动成组。这样方便用户对图表的动画进行统一的设置与管理，如图6-62所示。那么，如果想对某组数据系列进行单独设置，只需在此组合中单击选中该数据系列，再进行设置即可，如图6-63所示。但考虑到整体的和谐性，不建议用户这么操作。

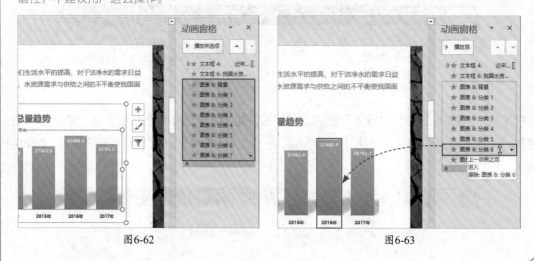

图6-62　　　　　　　　　　　　　　　　　图6-63

3. 制作文本动画效果

对于商务报告类的文本动画，尽量选择平缓、舒适的动画效果，如"淡入""浮入""擦除"等效果就比较合适。切勿选择那些另类的、博人眼球的动画，如"翻转式""弹跳""掉落"等。

Step 01 **设置第4张幻灯片的文本动画。**在第4张幻灯片中按Ctrl键选中所有文本框（共4个），在"动画"列表中选择"浮入"动画，即可同时为这四段内容添加相同的动画效果，如图6-64所示。

Step 02 **设置"浮入"动画的计时参数。**打开动画窗格，将第1项（文本框5）动画元素的"开始"模式设为"与上一动画同时"，其他三项动画元素的"开始"模式均设为"上一动画之后"，如图6-65所示。

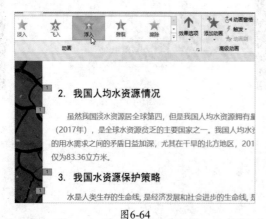

图6-64

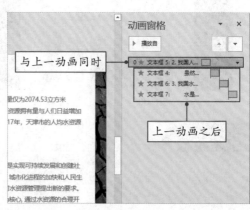

图6-65

Step 03 **设置第5张幻灯片的文本动画。** 使用Ctrl键选中第5张幻灯片所有的文本框，为其添加"浮入"动画。在动画窗格中，将第1项动画元素的"开始"模式设为"与上一动画同时"，将第2项动画元素的"开始"模式设为"上一动画之后"，如图6-66所示。

Step 04 **查看动画效果。** 设置完成后，单击"预览"按钮可以查看当前幻灯片的动画效果，如图6-67所示。

图6-66

图6-67

■6.4.3　制作结尾页动画

大多数结尾动画都喜欢用"淡入"或"淡出"这类平和的动画类型。该类型用得多了，就感觉很枯燥无味。那么，本案例将介绍一种平和而不乏新意的结尾动画的制作方法，方便用户参考使用。

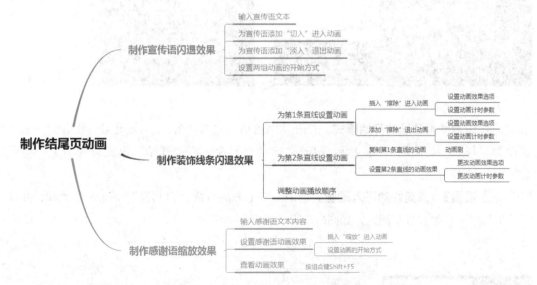

Step 01 **输入结尾文本内容。** 打开结尾页幻灯片，使用文本框输入文字内容，并设置好其字体、字号和颜色，如图6-68所示。

Step 02 **绘制直线装饰元素。** 使用"直线"形状，在该段文字上、下都绘制上装饰线条，并将线条设为"白色"，如图6-69所示。

图6-68　　　　　　　　　　　　　　　　　图6-69

Step 03 **为文本设置进入动画。**选中文本框，添加"切入"效果，如图6-70所示。

Step 04 **为文本添加退出动画。**同样选中该文本框，在"高级动画"选项组中单击"添加动画"下拉按钮，在"退出"选项中选择"淡入"动画，如图6-71所示。

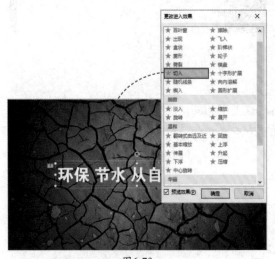

图6-70　　　　　　　　　　　　　　　　　图6-71

Step 05 **设置两组动画的开始模式。**打开动画窗格，先选择第1项动画元素，将其"开始"模式设为"与上一动画同时"，然后选择第2项动画元素，将"开始"模式设为"上一动画之后"，如图6-72所示。

Step 06 **设置第1条直线的进入动画。**选中文字上方的直线，为其设置"擦除"动画，并将其"效果选项"设为"自左侧"，如图6-73所示。

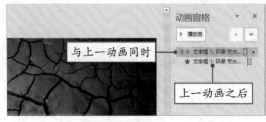
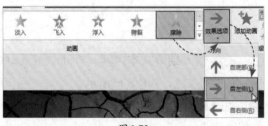

图6-72　　　　　　　　　　　　　　　　　图6-73

Step 07 **为第1条直线添加退出动画。**同样选中该直线，单击"添加动画"下拉按钮，在"退出"选项中选择"擦除"动画，并将其"效果选项"设为"自左侧"，如图6-74所示。

Step 08 **设置第1条直线的计时参数。**打开动画窗格，选中第3项动画元素（"擦除"进入动画），将"开始"模式设为"上一动画之后"；选中第4项动画元素（"擦除"退出动画），将"开始"模式设为"与上一动画同时"，将"延迟"设为"0.1"，如图6-75所示。

图6-74

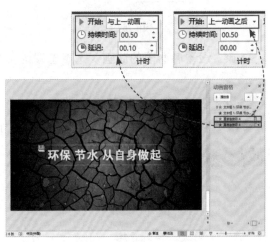

图6-75

Step 09 **设置第2条直线动画。**选中第1条直线动画，单击"动画刷"按钮，然后单击文本框下方的直线，即可将动画效果应用到第2条直线上，如图6-76所示。

Step 10 **调整第2条直线的动画参数。**将第2条直线的两组动画的"效果选项"均设为"自右侧"，将其进入动画的"开始"模式设为"与上一动画同时"，"延迟"设为0，如图6-77所示。

图6-76

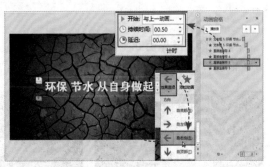

图6-77

Step 11 **调整动画的播放顺序。**在动画窗格中选中第2项（文本框1"淡入"退出动画）动画元素，按住鼠标左键不放，将其拖至最后，放开鼠标即可完成动画顺序的调整操作，如图6-78所示。

Step 12 **插入感谢语文本内容。** 使用文本框输入感谢语，并设置好文本的字体、字号及颜色，如图6-79所示。

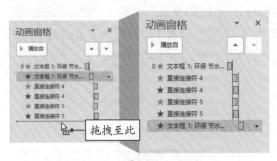

图6-78　　　　　　　　　　　　　　　　图6-79

Step 13 **设置感谢语的动画。** 选择感谢语文本框，将其动画设为"缩放"效果，如图6-80所示。

Step 14 **设置"缩放"动画的开始模式。** 选中该文本框，将"开始"设为"上一动画之后"，并将该文本框移至页面的中心位置，如图6-81所示。

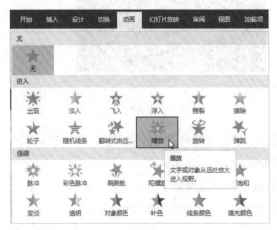

图6-80　　　　　　　　　　　　　　　　图6-81

Step 15 **预览结尾页动画效果。** 在"动画"选项卡中单击"预览"按钮，即可预览当前幻灯片所有的动画效果，如图6-82所示。

图6-82

■6.4.4　为幻灯片添加切换效果

所有动画设置完成后，接下来就可以对幻灯片添加切换动画了。在添加切换动画时，不建议用户为每张幻灯片都添加不同的切换效果，一是因为操作比较麻烦，二是因为应用了各式各样的切换效果后，会让观众眼花缭乱，无心听讲。

Step 01 **设置封面页切换效果。** 选中封面页，在"切换"选项卡的"切换到此幻灯片"选项组中单击"其他"下拉按钮，从中选择一款切换效果，这里选择"涟漪"效果，如图6-83所示。

Step 02 **预览切换效果。** 选择完成后，系统会自动播放当前的切换效果。当然，用户在"切换"选项卡中单击"预览"按钮也可以实现预览操作，如图6-84所示。

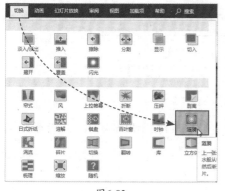

图6-83

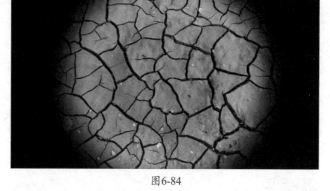

图6-84

Step 03 **将切换效果应用到所有幻灯片。** 预览完成后，在"切换"选项卡的"计时"选项组中单击"应用到全部"按钮，即可将该切换效果应用到所有幻灯片中，如图6-85所示。

图6-85

> **知识拓展**
>
> 　　如果用户对当前切换效果的时长不满意，可以在"计时"选项组中自定义"持续时间"的参数。除此之外，用户还可以为切换添加声音效果，同样在"计时"选项组中单击"声音"右侧的下拉按钮，从中选择满意的声音即可。

至此，"水资源现状调查报告"中的所有动画已经制作完成，用户可以按F5键来查看该PPT最终的动画效果。

Ⓟ 课后作业

通过对本章内容的学习，相信大家对动画的基本设置有了更多的认识。为了巩固本章的知识内容，大家可以根据以下的思维导图来制作一份动态的项目研讨报告，其版式风格不限。

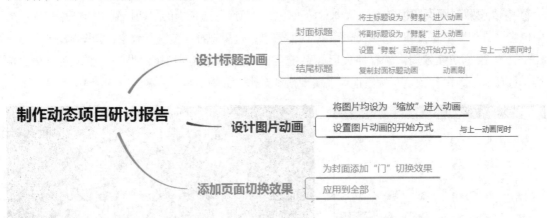

上述思维导图仅供参考，大家若有其他更好的想法，可以自行绘制思维导图并以此来制作PPT。

NOTE

⌁Tips

将此作业通过QQ（1932976052）的形式发送给我们，我们会在QQ群（群号：728245398）中定期进行评选，优胜者将有礼物送出哦！希望大家积极参与。

第 7 章

交互式页面的
制作方法

所谓交互式页面，就是通过单击某链接或某个按钮来实现页面跳转的操作。它使PPT在放映过程中变得更容易控制。PPT的链接类型有两种，分别为内部链接和外部链接。本章将向用户详细介绍这两类链接的具体应用操作。

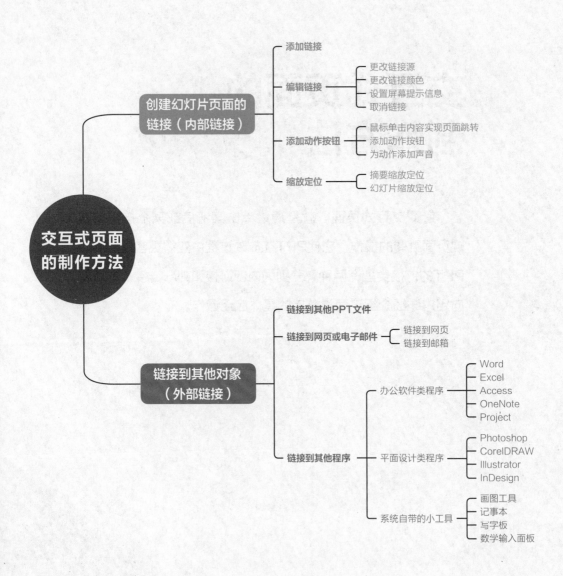

Ⓟ 知识速记

7.1 页面链接的创建

链接的创建使PPT的放映变得更具有操控性。在单击某链接对象后，系统随即会跳转到指定的幻灯片。除此之外，用户可以将网页或电子邮件地址链接到PPT所指定的对象上。

■ 7.1.1　添加链接

在文档中创建链接可以快速访问网页和文件，还可以快速跳转到文档中的其他位置。在幻灯片中选中要添加链接的文本对象，在"插入"选项卡的"链接"选项组中单击"链接"按钮，在"插入超链接"对话框中根据需要选择目标幻灯片即可，如图7-1所示。

扫码观看视频

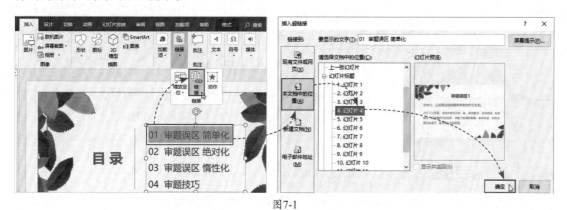

图7-1

设置完成后，被选中的文本颜色已经发生了改变，并在文本下方添加了下划线，如图7-2所示。

图7-2

● **新手误区：**链接的对象除了文本外，还可以是图片和形状。如果为图片或形状添加链接，它是不会发生任何变化的。

将光标放置在链接文本上时，会显示相关的链接信息。按住Ctrl键后单击该文本，会随即跳转到目标幻灯片，如图7-3所示。

 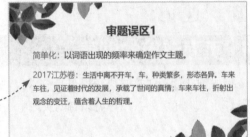

图7-3

知识拓展

除了上述方法添加链接外，用户还可以使用右键命令来设置。选中要添加链接的文本内容，右击，在快捷菜单中选择"超链接"选项，随即会打开"插入超链接"对话框，根据需要选择目标幻灯片即可，如图7-4所示。

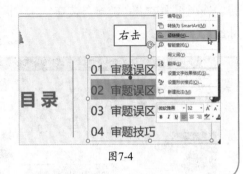

图7-4

■7.1.2　编辑链接

添加超链接后，用户可以对链接对象进行编辑，如更改链接源、更改链接颜色、设置屏幕提示、取消链接等。

1. 更改链接源

如果设置了无效或错误的链接源，就需要对链接源进行修改。右击选中要更改链接源的文本，在快捷菜单中选择"编辑链接"选项，在打开的"编辑超链接"对话框中重新定位目标幻灯片即可，如图7-5所示。

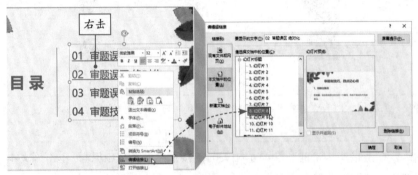

图7-5

2．更改链接颜色

上文曾介绍过，对文本对象设置链接后，文本的颜色会随之发生变化。这样多多少少会对页面的美观程度产生一定的影响。如果想对其颜色进行更改的话，可以通过以下方法进行操作。

在"设计"选项卡的"变体"选项组中单击"其他"下拉按钮，从中选择"颜色"选项，并在其级联菜单中选择"自定义颜色"选项，如图7-6所示。在"新建主题颜色"对话框中分别对"超链接"和"已访问的超链接"的颜色进行设置，如图7-7所示。

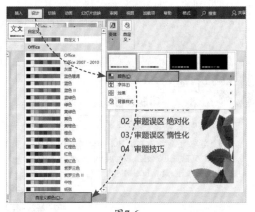

图7-6 　　　　　　　　　　　　　　　　　　　图7-7

设置完成后，系统将自动更换当前链接文本的颜色，如图7-8所示。

图7-8

3．设置屏幕提示

屏幕提示的作用在于，在放映幻灯片的过程中，当鼠标悬停在某链接对象上方时，屏幕上会出现提示文字。想要实现该操作，可以先选中所需链接的对象，为其添加相关链接。然后在当前对话框中单击"屏幕提示"按钮，在"设置超链接屏幕提示"对话框中输入提示内容，单击"确定"按钮，如图7-9所示。

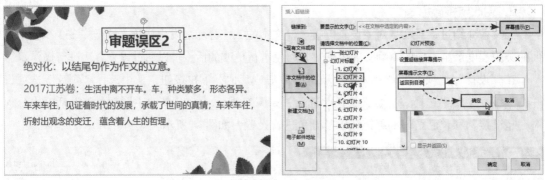

图7-9

返回到"插入超链接"对话框,再次单击"确定"按钮,完成设置操作。按F5键可以放映当前PPT,当切换至当前页面,将光标悬停在该链接对象上方时,光标下方即出现屏幕提示文字,如图7-10所示。

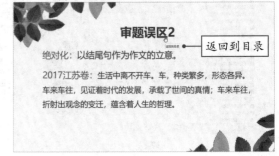

图7-10

4.取消链接

当不再使用链接时,可以将其删除。右击所需删除的链接对象,在快捷菜单中选择"删除链接"选项,即可删除当前对象的链接,如图7-11所示。此外,用户还可以在"编辑超链接"对话框中单击"删除链接"按钮来删除链接,如图7-12所示。

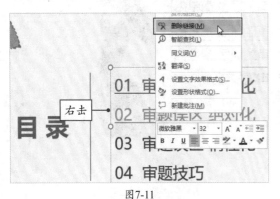

图7-11

图7-12

■7.1.3 添加动作按钮

为所选对象添加指定动作,可以通过单击或鼠标悬停来实现目标幻灯片的跳转操作。下面将向用户介绍动作按钮的应用操作。

1. 鼠标单击实现跳转

为幻灯片的对象设置了鼠标单击的动作后，在放映幻灯片时，用户需要单击该对象才能跳转到目标幻灯片中。

在幻灯片中选择所需对象，在"插入"选项卡的"链接"选项组中单击"动作"按钮，如图7-13所示。在打开的"操作设置"对话框中单击"超链接到"单选按钮，并在其列表中选择目标幻灯片，或者选择"幻灯片"选项，在打开的"超链接到幻灯片"对话框中选择目标幻灯片，单击"确定"按钮即可，如图7-14所示。

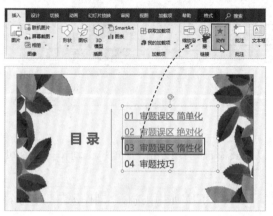

图7-13　　　　　　　　　　　　　　　　　图7-14

在放映过程中，单击该文本即可跳转至指定的目标幻灯片，如图7-15所示。

图7-15

知识拓展

用户不仅可以设置鼠标单击对象实现跳转动作，也可以设置鼠标悬停时实现跳转动作。即在放映幻灯片时，只需要将鼠标悬停在对象上方即可跳转至目标幻灯片中。同样先选中文本，单击"动作"按钮，在"操作设置"对话框中单击"鼠标悬停"选项卡，选中"超链接到"单选按钮，并在其下拉列表中选择目标幻灯片，如图7-16所示，再单击"确定"按钮即可。在幻灯片放映时，将鼠标悬停在该文本上方即可跳转至目标幻灯片，如图7-17所示。

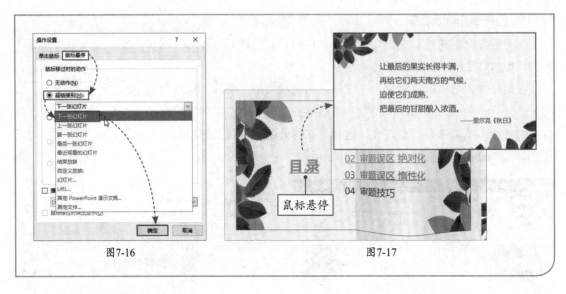

图7-16   图7-17

2．添加动作按钮

为了更灵活地控制幻灯片的放映，用户还可以为其添加动作按钮。通过单击动作按钮，可以快速返回上一页，或者直接回到首页等。

选中所需设置的幻灯片，在"插入"选项卡的"形状"下拉列表中选择"动作按钮"下方的"上一张"动作按钮，在幻灯片右下角的合适位置使用鼠标拖拽的方法绘制动作按钮，完成后系统会自动打开"操作设置"对话框，在此对话框中对动作按钮设置链接即可，如图7-18所示。

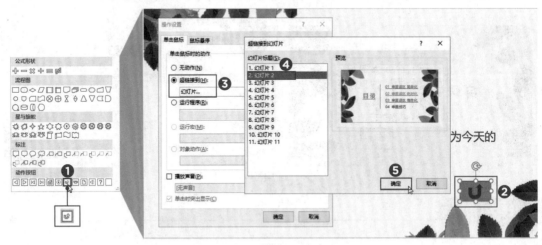

图7-18

设置完成后，将光标放置在该按钮上方时，会给出相应的链接提示。按Ctrl键的同时单击该按钮，随即跳转至目标幻灯片。

当前添加的动作按钮的样式不太美观，用户可以对其进行美化操作。美化的方法与图形美化的方法相同，在此就不再作介绍了。

3．为动作添加声音

动作按钮创建好后，用户还可以为其添加动作声音，以增强放映效果。右击动作按钮，在快捷菜单中选择"编辑链接"选项，在"操作设置"对话框的"单击鼠标"选项卡中勾选"播放声音"复选框，并在其下拉列表中选择满意的声音即可，如图7-19所示。

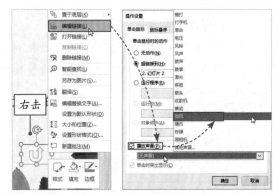

图7-19

7.1.4 缩放定位

"缩放定位"功能是PPT 2019的新增功能，利用该功能可以实现花式切换动画效果。它类似于切换效果中的"平滑"切换，能够实现幻灯片无缝衔接的效果。

在"插入"选项卡的"链接"选项组中单击"缩放定位"下拉按钮，从中选择所需缩放的类型即可，如图7-20所示。

图7-20

1．摘要缩放定位

选择该选项后，用户只需将PPT中的过渡页统一加载到摘要页中，然后按组合键Shift+F5进入放映当前页状态，单击其中一张摘要内容，可以自动进入相对应的内容页。当内容页展示完毕后，系统将自动返回至摘要页，用户可以继续单击其他摘要内容，如图7-21所示。

图7-21

如此操作，则非常有利于观众对PPT逻辑关系的把握。

2．幻灯片缩放定位

选择该选项后，用户将需要放映的幻灯片统一加载到一张空白幻灯片中，然后播放该幻灯片。此时系统会按照幻灯片的顺序依次播放展示，直到结束。

知识拓展

"摘要缩放定位"与"幻灯片缩放定位"的区别在于展示的内容有所不同。前者是通过摘要页来展示PPT所有内容；而后者只展示选定的幻灯片内容，其他未选定的将不会展示。

7.2 链接到其他对象

在为某对象添加链接时，其链接源不仅局限于当前PPT内部的幻灯片，用户还可以将链接源设为其他PPT文件、网页及其他应用程序等。

■7.2.1 链接到其他PPT

将对象链接到其他PPT后，在放映模式下单击链接对象可以直接打开其他PPT文件。选中所需的对象，在"插入"选项卡的"链接"选项组中单击"链接"按钮，在"插入超链接"对话框中选择"现有文件或网页"选项，单击"浏览文件"按钮，打开"链接到文件"对话框，选择所需的PPT文件即可，如图7-22所示。

扫码观看视频

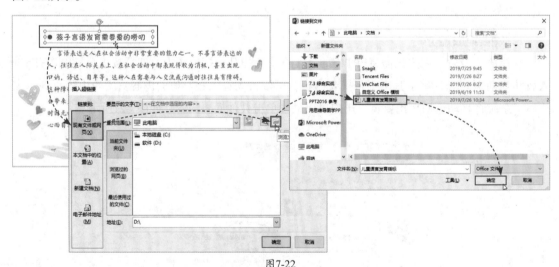

图7-22

选择完成后，单击"确定"按钮返回到上一层对话框，此时在地址栏中会显示链接的文件路径，再次单击"确定"按钮即可完成链接操作，如图7-23所示。

图7-23

　　在"插入超链接"对话框中选择"新建文档"选项，在"新建文档名称"文本框中输入名称，单击"确定"按钮，这时系统会自动新建一份PPT，用户在完善PPT内容后保存。在放映幻灯片时，单击链接对象即可打开保存好的PPT。

■7.2.2　链接到网页或电子邮件

　　在放映PPT时为了实现更大范围内的信息交互，可以将超链接设置为网页或电子邮件。下面将对其操作进行简单介绍。

1. 链接到网页

　　右击选择所需的对象，在快捷菜单中选择"超链接"选项，在"插入超链接"对话框中选择"现有文件或网页"选项，单击"浏览Web"按钮，如图7-24所示。

扫码观看视频

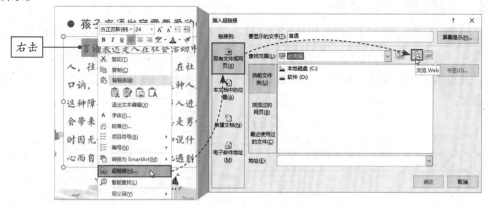

图7-24

　　通过打开的浏览器打开需要的网页，并复制网址。将网址粘贴到"插入超链接"对话框的"地址"输入框中，单击"确定"按钮完成网页链接的设置操作，如图7-25所示。

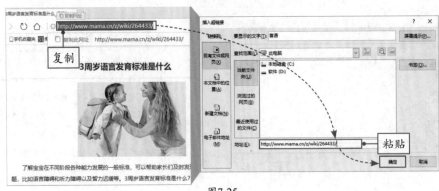

图7-25

● **新手误区**：除了通过复制网址设置链接外，用户还可以在"插入超链接"对话框的"浏览过的网页"选项中选择所需的网址内容，同样可以完成链接操作。

2. 链接到邮箱

选中所需对象，打开"插入超链接"对话框，选择"电子邮件地址"选项，并在右侧的"电子邮件地址"输入框中输入正确的邮箱地址，单击"确定"按钮即可，如图7-26所示。

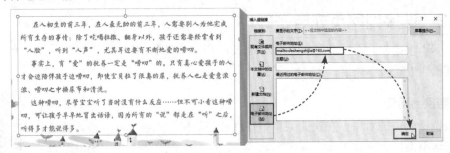

图7-26

■7.2.3 链接到其他文件

超链接还可以从当前PPT跳转到其他类型的文件，如Word、Excel文档等。同样选择所需对象，在"插入"选项卡中单击"链接"按钮，在"插入超链接"对话框中选择"现有文件或网页"选项，并单击"浏览文件"按钮，在"链接到文件"对话框中选中需要的文件，单击"确定"按钮即可，如图7-27所示。

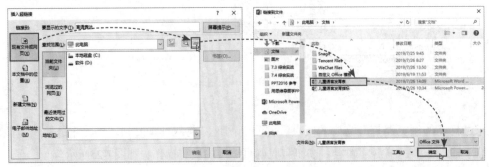

图7-27

综合实战

7.3 为三亚旅游景点宣传文稿添加链接

对于幻灯片页数超过20页以上的PPT来说，适当地添加一些必要的链接，这样在放映时能够避免一些不必要的麻烦。下面将以旅游宣传文稿为例，向用户介绍PPT超链接的应用操作。

■ 7.3.1 添加背景音乐的链接

第5章向用户简单介绍了如何使用触发动画来播放背景音乐的操作。这里将介绍另一种播放背景音乐的方法，那就是通过动作链接播放背景音乐。

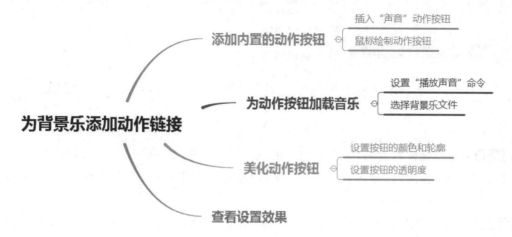

Step 01 选择动作按钮。打开本书配套的原始文件。选择首页幻灯片，在"插入"选项卡中单击"形状"按钮，从下拉列表中选择一款满意的动作按钮。

Step 02 绘制动作按钮。在首页的合适位置使用鼠标拖拽的方法绘制该动作按钮，随后打开"操作设置"对话框，如图7-28所示。

图7-28

Step 03 **为动作加载音乐。**在"操作设置"对话框中单击"播放声音"下拉按钮，选择"其他声音"选项，在打开的"添加音频"对话框中选择"背景乐"，单击"确定"按钮，如图7-29所示。设置完成后，返回到上一层对话框，单击"确定"按钮完成加载操作。

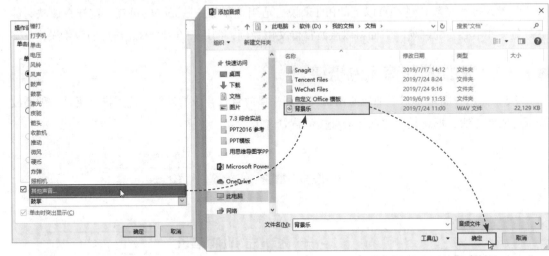

图7-29

Step 04 **设置按钮样式。**选中动作按钮，在"绘图工具-格式"选项卡的"形状样式"选项组中将当前按钮设为白色、无轮廓。用户也可以通过"设置形状格式"窗格设置该按钮的透明度，设置结果如图7-30所示。

Step 05 **查看设置效果。**按F5键后，当光标移至按钮上方时，会以手指形状显示，单击该按钮即可播放背景音乐，直到幻灯片播放结束为止，如图7-31所示。

图7-30

图7-31

■7.3.2 为目录添加链接

为宣传文稿添加目录链接主要是为了在放映时能够快速切换到指定的幻灯片内容，避免一页一页地切换查找，节省时间，提高效率。

扫码观看视频

Step 01 **设置"天涯海角"文本链接。** 选择目录页，并选择"天涯海角"文本框，在"插入"选项卡的"链接"选项组中单击"链接"按钮，打开"插入超链接"对话框，选择"本文档中的位置"选项，并在"请选择文档中的位置"列表中选择"3. 幻灯片3"，单击"确定"按钮，如图7-32所示。

Step 02 **查看设置效果。** 设置完成后，将光标放置在目录页的"天涯海角"文本框中，此时在光标附近会显示相关链接的信息，如图7-33所示。

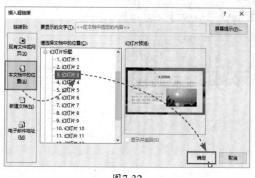

图7-32

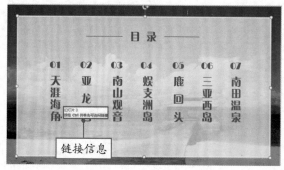

图7-33

● **新手误区：** 选择使用文本框进行链接的目的是在单击链接项后，链接的文本不会更改颜色，从而能够保持页面风格的统一。

Step 03 **设置"亚龙湾"文本链接。** 在目录页中选择"亚龙湾"文本框，打开"插入超链接"对话框，系统会默认保持上一次的选择状态，在此将该文本链接至"5. 幻灯片5"，单击"确定"按钮，如图7-34所示。

Step 04 **设置其他文本链接。** 在目录页中，将"南山观音"文本框链接至"6. 幻灯片6"；将"蜈支洲岛"文本框链接至"8. 幻灯片8"；将"鹿回头"文本框链接至"10. 幻灯片10"；将"三亚西岛"文本框链接至"12. 幻灯片12"；将"南田温泉"文本框链接至"13. 幻灯片13"，如图7-35所示。

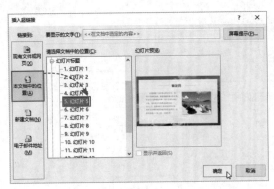

图7-34   图7-35

Step 05 **添加页面切换效果。**选中首张幻灯片，在"切换"选项卡中为其添加"页面卷曲"切换效果，并单击"应用到全部"按钮，将该效果应用到其他幻灯片中，如图7-36所示。

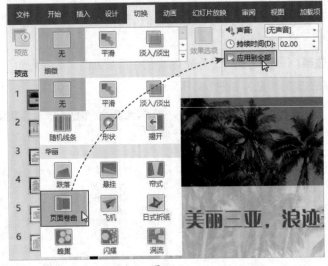

图7-36

Step 06 **查看目录链接效果。**按F5键放映文稿内容。切换到目录页时，将光标移至链接的文本框上方，当光标呈手指形状后单击，随即会跳转到相应的幻灯片页面，如图7-37所示。

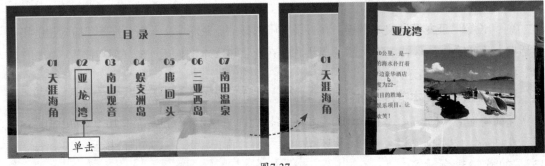

图7-37

■7.3.3　添加返回动作按钮

对于大型PPT来说，制作返回链接是很有必要的。因为当切换到某张幻灯片后，如果想要快速返回到幻灯片首页，就需要借助返回动作按钮来实现。用户除了可以通过"形状"列表中的动作按钮进行设置外，还可以自定义动作按钮来设置。

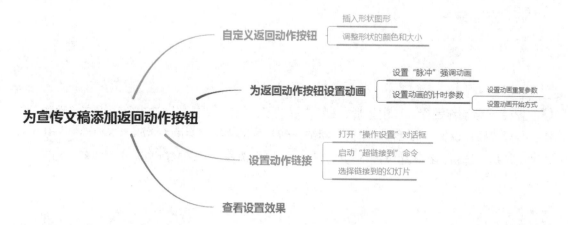

Step 01 **绘制按钮**。选中第3张幻灯片，利用星形工具在该页面右下角的合适位置绘制星形，并设置星形图案的颜色及大小，如图7-38所示。

Step 02 **添加"脉冲"动画**。选中星形，在"动画"选项卡中选择"脉冲"强调动画，如图7-39所示。

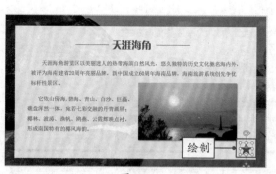

图7-38

图7-39

Step 03 **设置重复"脉冲"动画**。选中星形，在动画窗格中右击该项，在快捷菜单中选择"计时"选项，在"脉冲"对话框中将"重复"设为"4"，如图7-40所示。

Step 04 **设置"脉冲"动画的开始模式**。将"开始"模式设为"与上一动画同时"，单击"确定"按钮，如图7-41所示。

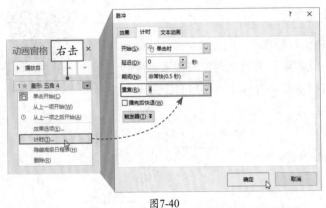

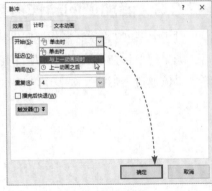

图7-40 图7-41

Step 05 **设置动作链接。** 选中星形，在"插入"选项卡的"链接"选项组中单击"动作"按钮，打开"操作设置"对话框，单击"超链接到"单选按钮，并单击右侧的下拉按钮，从中选择"幻灯片"选项，在"超链接到幻灯片"对话框中选择"2.幻灯片2"选项即可，如图7-42所示。

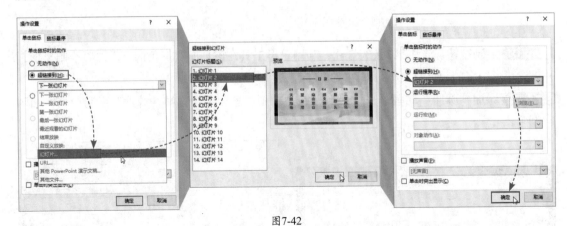

图7-42

Step 06 **复制返回按钮。** 选中返回按钮，将其复制到幻灯片5、幻灯片6、幻灯片8、幻灯片10、幻灯片12、幻灯片13中，如图7-43所示。

图7-43

Step 07 **查看设置效果。**选中任意带有返回按钮的幻灯片，这里选择第5张幻灯片，按组合键 Shift+F5放映当前幻灯片，单击返回按钮随即会跳转至目录幻灯片，如图7-44所示。

图7-44

■7.3.4 将内容链接到Word文档

在旅游宣传文稿中经常需要对某一个景点进行详细说明，如有现成的文档资料，可以将文稿内容直接链接到相应的文档资料上，以便随时调看。

Step 01 **调取链接到的文档。**选中第10张幻灯片的标题文本框，在"插入"选项卡的"链接"选项组中单击"链接"按钮，在"插入超链接"对话框中选择"现有文件或网页"选项，单击"查找范围"右侧的"浏览文件"按钮，在"链接到文件"对话框中选择链接到的Word文档，如图7-45所示。

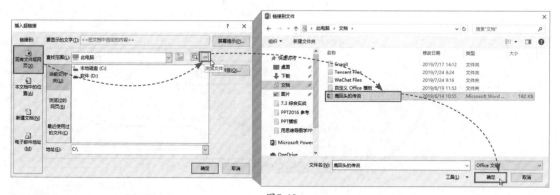

图7-45

Step 02 **查看设置效果。**单击"确定"按钮返回到"插入超链接"对话框，再次单击"确定"按钮完成设置。将光标放置在该幻灯片标题上，按Ctrl键的同时单击该标题，随即会打开链接的Word文档，如图7-46所示。

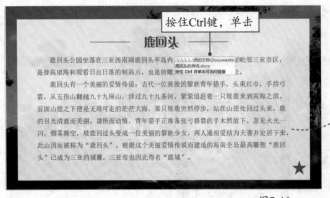 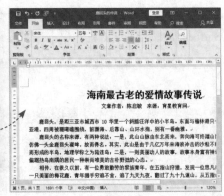

图7-46

至此，"三亚旅游景点宣传文稿"的链接已经添加完毕，用户可以按F5键查看最终效果。

7.4 制作三亚海底风光相册

对于幻灯片的切换，无非是系统内置的那几种切换类型，想要设计出不一样的切换效果，使用PPT中的"缩放定位"功能就可以实现。下面将以制作三亚海底风光相册为例，向用户介绍"缩放定位"功能的具体操作。

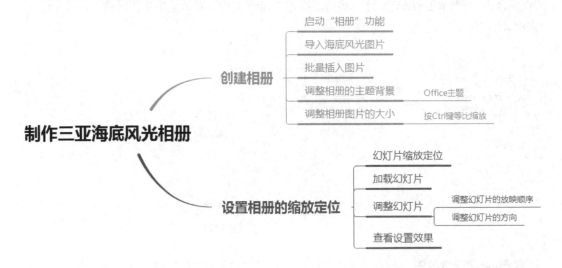

■ 7.4.1 制作相册

利用PPT的"相册"功能可以批量加载多张图片，这样可以避免用户手动加载图片的麻烦，节省了一定的时间。下面将利用"相册"功能将三亚海底风光图片批量加载到新文稿中。

Step 01 **新建相册**。新建空白PPT，在"插入"选项卡的"图像"选项组中单击"相册"下拉按钮，选择"新建相册"选项，如图7-47所示。

图7-47

Step 02 **导入图片。**在"相册"对话框中单击"文件/磁盘"按钮，在打开的"插入新图片"对话框中按Ctrl键选择所有图片，单击"插入"按钮，如图7-48所示。

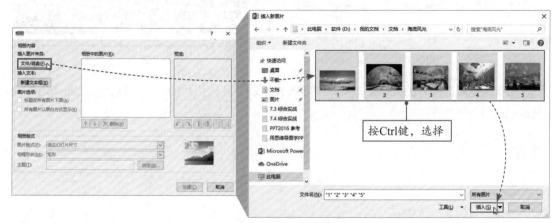

图7-48

Step 03 **批量插入图片。**返回"相册"对话框，在"相册中的图片"列表中勾选要插入的图片，单击"创建"按钮，完成相册的创建操作，如图7-49所示。

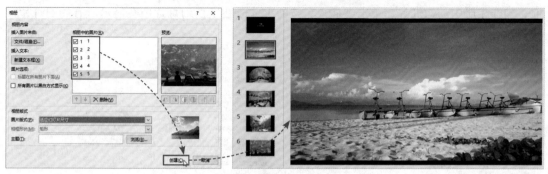

图7-49

Step 04 **调整相册的主题背景。**在"设计"选项卡的"主题"选项组中选择一款主题，这里选择"Office主题"，如图7-50所示。

Step 05 **调整相册图片的大小。**选中首张幻灯片，删除标题文本，使页面呈空白状态。选中第2张幻灯片的图片，按住Ctrl键的同时，向外拖拽任意一个对角控制点，将图片以画面中心点为准进行等比例放大，使之布满整个页面，如图7-51所示。

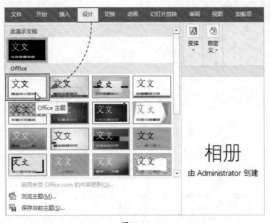

图7-50

图7-51

Step 06 **调整其他图片的大小。**按照上一步操作，调整其他图片的大小，同样使之布满幻灯片页面。

● **新手误区：**图片调整后，溢出页面外的图片内容可以忽略不计。因为在放映时，系统只会显示页面中的内容，而不会显示页面外的内容。

■7.4.2 设置缩放定位

图片相册制作好后，接下来将以"缩放定位"功能来制作相册的切换效果。

Step 01 **加载幻灯片。**选中第1张空白幻灯片，在"插入"选项卡的"链接"选项组中单击"缩放定位"下拉按钮，选择"幻灯片缩放定位"选项，打开"插入幻灯片缩放定位"对话框，勾选相册中的幻灯片，单击"插入"按钮，此时在空白幻灯片中会显示所有的幻灯片页面，并叠加在一起，如图7-52所示。

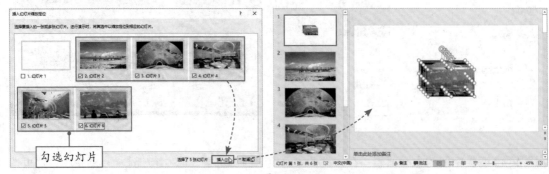

图7-52

Step 02 **调整幻灯片的位置。**使用拖拽鼠标的方法，对加载的幻灯片的位置进行调整，如图7-53所示。

Step 03 **调整幻灯片的方向。**为了能够在播放时多一些切换效果，可以适当地对幻灯片的方向进行调整。选中某张幻灯片，使用"旋转"功能对其进行旋转即可，如图7-54所示。

图7-53

图7-54

Step 04 **放映设置效果。**调整完成后，按F5键开始放映。在放映界面中单击第1张幻灯片图片，系统自动平滑过渡到该幻灯片，并将其全屏显示，如图7-55所示。再单击一次随即切换到下一张幻灯片。

图7-55

至此，三亚海底风光相册制作完毕，保存好该相册即可。

Ⓟ 课后作业

通过对本章内容的学习，相信大家应该对交互式页面的制作方法有了更多的认识。为了巩固本章的知识内容，大家可以根据以下的思维导图制作一份以中秋为主题的PPT文稿，其版式风格不限。

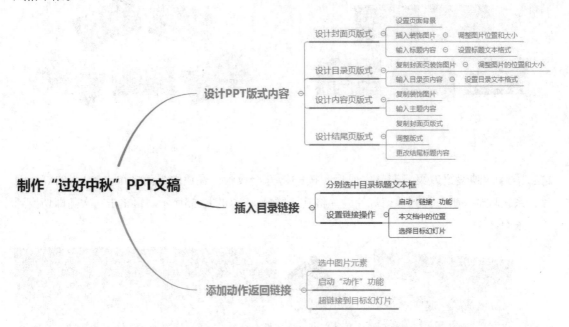

上述思维导图仅供参考，大家若有其他更好的想法，可以自行绘制思维导图，并根据导图来制作PPT。

NOTE

第 8 章

这样分享 PPT 更方便

PPT做好后，按F5键就可以快速放映PPT内容。如果用户想从PPT中的某一张幻灯片开始播放，或者在放映时隐藏一些内容不被播放，该如何操作呢？还有，PPT的格式该如何转换？本章将针对这些常见问题向用户介绍PPT放映与输出的那些事。

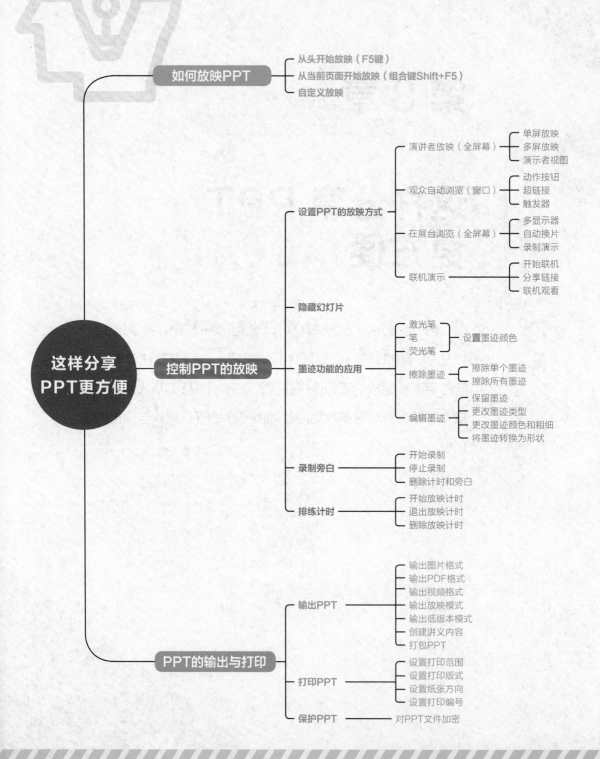

思维导图

这样分享PPT更方便

- 如何放映PPT
  - 从头开始放映（F5键）
  - 从当前页面开始放映（组合键Shift+F5）
  - 自定义放映
- 控制PPT的放映
  - 设置PPT的放映方式
    - 演讲者放映（全屏幕）
      - 单屏放映
      - 多屏放映
      - 演示者视图
    - 观众自动浏览（窗口）
      - 动作按钮
      - 超链接
      - 触发器
    - 在展台浏览（全屏幕）
      - 多显示器
      - 自动换片
      - 录制演示
    - 联机演示
      - 开始联机
      - 分享链接
      - 联机观看
  - 隐藏幻灯片
  - 墨迹功能的应用
    - 激光笔
    - 笔
    - 荧光笔
      - 设置墨迹颜色
    - 擦除墨迹
      - 擦除单个墨迹
      - 擦除所有墨迹
    - 编辑墨迹
      - 保留墨迹
      - 更改墨迹类型
      - 更改墨迹颜色和粗细
      - 将墨迹转换为形状
  - 录制旁白
    - 开始录制
    - 停止录制
    - 删除计时和旁白
  - 排练计时
    - 开始放映计时
    - 退出放映计时
    - 删除放映计时
- PPT的输出与打印
  - 输出PPT
    - 输出图片格式
    - 输出PDF格式
    - 输出视频格式
    - 输出放映模式
    - 输出低版本模式
    - 创建讲义内容
    - 打包PPT
  - 打印PPT
    - 设置打印范围
    - 设置打印版式
    - 设置纸张方向
    - 设置打印编号
  - 保护PPT
    - 对PPT文件加密

P 知识速记

8.1 放映PPT文稿

PPT放映的方法有很多，如从头开始放映、从当前幻灯片开始放映和自定义放映等，用户只需根据实际情况选择相应的方式即可。下面介绍一些PPT常用的放映方法。

■8.1.1 启动幻灯片放映

在PPT中选择任意一张幻灯片，然后在"幻灯片放映"选项卡的"开始放映幻灯片"选项组中单击"从头开始"按钮，系统会自动从该PPT的封面页开始放映。当然，按F5键也可以达到相同的放映效果，如图8-1所示。

扫码观看视频

图8-1

如果用户只想从第3张幻灯片开始播放的话，那么在"幻灯片放映"选项卡的"开始放映幻灯片"选项组中单击"从当前幻灯片开始"按钮，此时系统会直接从第3张幻灯片开始放映。按组合键Shift+F5也可以达到相同的放映效果，如图8-2所示。

图8-2

■8.1.2 自定义放映幻灯片

在放映过程中，如果用户只想放映指定的幻灯片内容，这时就需要使用到自定义放映功能了。在"幻灯片放映"选项卡的"开始放映幻灯片"选项组中

扫码观看视频

单击"自定义幻灯片放映"下拉按钮，选择"自定义放映"选项，打开"自定义放映"对话框。在该对话框中单击"新建"按钮，可以打开"定义自定义放映"对话框，在该对话框中用户只需勾选要放映的幻灯片即可，如图8-3所示。

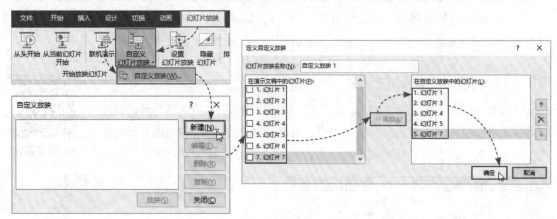

图8-3

返回到"自定义放映"对话框，单击"放映"按钮即可对设置后的幻灯片进行放映操作。单击"关闭"按钮关闭对话框，当再次调用时，可以在"自定义幻灯片放映"下拉列表中选择设定的放映名称即可放映，如图8-4所示。

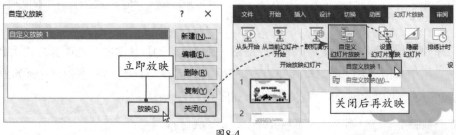

图8-4

若需要对自定义放映的幻灯片重新设置，可以在"自定义幻灯片放映"下拉列表中选择"自定义放映"选项，在"自定义放映"对话框中选中放映名称，单击"编辑"按钮，如图8-5所示，在"定义自定义放映"对话框中，用户可以重新选择设置。除此之外，用户也可以对当前的放映顺序进行调整，如图8-6所示。

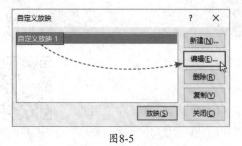

图8-5

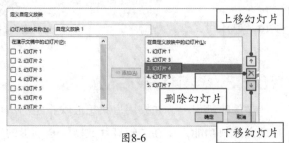

图8-6

知识拓展

在"定义自定义放映"对话框中，用户可以对当前的放映名称进行更改。选中"幻灯片放映名称"后的文本框，将其更改为新名称即可。

8.2 控制PPT文稿的放映

由于放映环境的不同，为了达到更理想的放映效果，用户需要对幻灯片的放映类型、放映选项、放映范围和换片方式等进行设置。下面将对设置方法进行详细的介绍。

■8.2.1　设置放映方式

PPT的放映方式有三种，分别为"演讲者放映（全屏）""观众自行浏览""在展台浏览（全屏幕）"。下面分别对这三种方式进行简要说明。

1．演讲者放映（全屏）

演讲者放映方式是PPT默认的放映方式。它一般用于公众演讲的场合。在放映过程中，用户使用鼠标、翻页器和键盘来操控幻灯片的放映。该方式又可以分为单屏放映、双屏放映两类。

单屏放映是直接用电脑屏幕来展示幻灯片。在放映幻灯片时，用户需要对其内容进行调整，可以按组合键Alt+Tab打开PPT的编辑模式，如图8-7所示。幻灯片修改完毕后，单击"重新开始幻灯片放映"按钮，可以继续放映幻灯片。

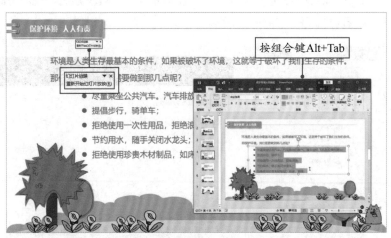

图8-7

双屏放映就是通过电脑和投影仪两个屏幕来控制幻灯片的放映。投影仪的大屏幕能够给观众带来视觉享受，同时还可以将放映窗口和演示者窗口分开。当用户在演示者窗口中进行操作时，是不会影响到放映窗口中的幻灯片的。

当投影仪和电脑设备连接好后，打开PPT，在"幻灯片放映"选项卡的"监视器"选项组中勾选"使用演示者视图"复选框就会打开演示者窗口，如图8-8所示。在幻灯片放映状态下，单击左下角的"更多"按钮，在打开的快捷菜单中选择"显示演示者视图"选项，同样也可以打开演示者窗口，如图8-9所示。

图8-8

图8-9

● **新手误区：**"使用演示者视图"选项只有在连接了投影仪或其他显示器之后才有效。还有，在连接其他显示设备时，记好一定要把显示器模式调整为扩展模式，这样才能启动双屏效果。

2. 观众自行浏览

"观众自行浏览"是让观众自己单击一些动作按钮或链接来实现自由观看的一种方式。在"幻灯片放映"选项卡的"设置"选项组中单击"设置幻灯片放映"按钮，在"设置放映方式"对话框中单击"观众自行浏览（窗口）"单选按钮即可启动该方式。当按下F5键后，当前幻灯片就会以窗口的形式显示，如图8-10所示。

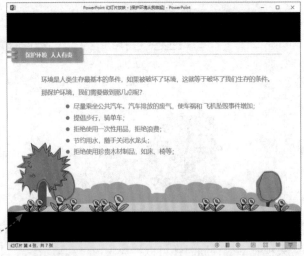

图8-10

● **新手误区**：使用"观众自行浏览"方式放映的幻灯片比较注重其交互性。在开始制作幻灯片时，就需要添加大量的动作按钮、超链接和一些触发按钮，这样才能更好地与观众互动。

3. 在展台浏览（全屏幕）

"在展台浏览"方式需要预先设置好幻灯片每页的换片时间，这样就可以在无人操控下自行播放幻灯片了。在"设置放映方式"对话框中单击"在展台浏览（全屏幕）"单选按钮即可。需要注意一点，在切换方式前，用户需要设定好切换时间，否则是无法实现自动播放操作的。在"切换"选项卡的"计时"选项组中勾选"设置自动换片时间"复选框，然后设定好时间参数，时间一般为3～5秒最佳，如图8-11所示。

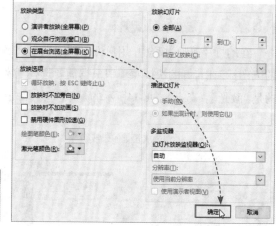

图8-11

■8.2.2 隐藏幻灯片

在放映幻灯片时，若不希望某些幻灯片被放映，就需要提前将这些幻灯片隐藏。在预览窗格中，先选中需要隐藏的幻灯片，在"幻灯片放映"选项卡的"设置"选项组中单击"隐藏幻灯片"按钮即可。此时，在预览窗格中，被隐藏的幻灯片编号上方会出现一条斜线，同时该预览图变为模糊状态，如图8-12所示。

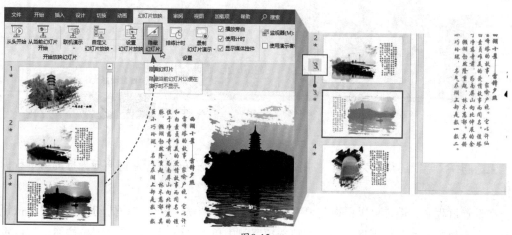

图8-12

■8.2.3 墨迹的使用

在幻灯片放映过程中,用户可以利用光标来对幻灯片中的重点内容进行标记。单击页面左下角的 ⊘ 图标,在打开的快捷菜单中根据需要选择"激光笔""笔"或"荧光笔"选项即可,如图8-13所示的是"激光笔"效果,图8-14所示的是"笔"效果,图8-15所示的是"荧光笔"效果。

图8-13

图8-14

图8-15

无论选择"笔"还是"荧光笔",用户只需在所需位置按住鼠标左键拖拽光标即可进行标记操作。

在设置过程中,用户可以根据需要对笔的颜色进行调整。单击"设置幻灯片放映"按钮,打开"设置放映方式"对话框,在"放映选项"组中单击"绘图笔颜色"下拉按钮,可以重新选择笔的颜色，单击"激光笔颜色"下拉按钮，可以重新选择激光笔颜色，如图8-16所示。而"荧光笔"的颜色可以在 图标菜单中进行选择，如图8-17所示。

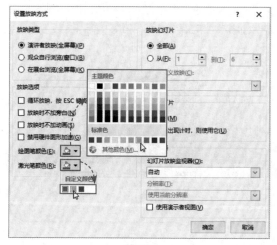

图8-16

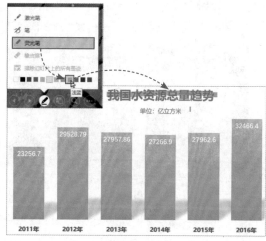

图8-17

在放映过程中，按Esc键退出放映模式时，系统会打开提示对话框，询问"是否保留墨迹注释"，单击"保留"按钮，则在进入PPT编辑模式时，标记将会保留至页面中，如图8-18所示；而单击"放弃"按钮，标记将自动删除。

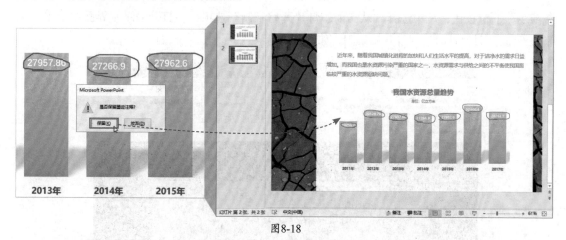

图8-18

标记保留下来后，用户可以对该标记进行一系列编辑，如颜色、粗细、笔的类型等。选中该标记，在"墨迹书写工具-笔"选项卡中根据需要进行相应的设置即可，如图8-19所示。

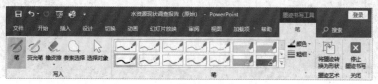

图8-19

在放映过程中，若需要放大页面中的某些内容，可以在页面左下角的工具栏中单击"放大"图标按钮，在页面所需位置单击，即可放大该处的内容，如图8-20和图8-21所示。

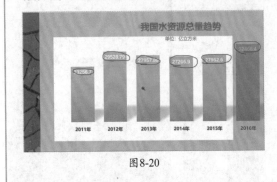

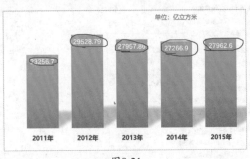

图8-20

图8-21

■8.2.4 录制旁白

如果用户觉得每次放映幻灯片都要进行讲解是一件很麻烦的事，可以在幻灯片中录制旁白，这样就可以一劳永逸了。

选中要添加旁白的幻灯片，在"幻灯片放映"选项卡的"设置"选项组中单击"录制幻灯片演示"下拉按钮，从中选择"从当前幻灯片开始录制"选项，在打开的录制界面中单击"录制"按钮，3秒倒计时后即可开始录制，如图8-22所示。

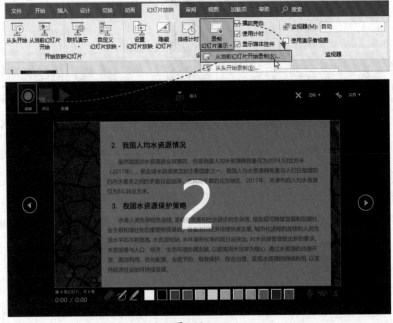

图8-22

在录制过程中，用户还可以继续为幻灯片添加必要的标记或注释。在录制界面中单击"下一页"按钮或"上一页"按钮可以切换幻灯片。录制结束后单击"停止"按钮可以取消录制操作。

● **新手误区：** 录制旁白时，界面右下角的"麦克风"图标应当是可操作状态🎤，否则只能录制动作而不能录制声音。

录制完成后系统会将录制的文件自动插入至该幻灯片中，如图8-23所示。如果需要删除录制的文件，只需在"录制幻灯片演示"下拉列表中选择"清除"选项，并在其级联菜单中根据需要选择要删除的选项即可，如图8-24所示。

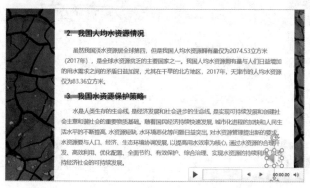

图8-23　　　　　　　　　　　　图8-24

8.2.5　排练计时

当用户需要控制幻灯片的放映时间，或者设置幻灯片自动播放时，可以使用"排练计时"功能来完成任务。下面将介绍一下"排练计时"的具体操作。

打开所需PPT文稿，在"幻灯片放映"选项卡的"设置"选项组中单击"排练计时"按钮，如图8-25所示。进入计时模式，此时在页面左上方会显示"录制"窗口，该窗口中的时间则为当前幻灯片的放映计时，而由此时间为所有幻灯片累计放映计时。单击"下一页"按钮即可切换到下一张幻灯片，如图8-26所示。

图8-25　　　　　　　　　　　图8-26

完成所有幻灯片计时后，系统会打开提示对话框，询问"是否保留幻灯片计时"，单击"是"按钮，退出计时模式，如图8-27所示。

图8-27

在PPT状态栏中单击"幻灯片浏览"按钮，即可切换到相应的视图界面。在此用户会发现在每张幻灯片右下角会显示计时时间，如图8-28所示。在放映幻灯片时，系统会按照每张幻灯片的计时进行自动放映。

图8-28

知识拓展

想要删除设定的幻灯片计时，取消自动播放效果，只需在"幻灯片放映"选项卡的"设置"选项组中取消勾选"使用计时"复选框即可，如图8-29所示。

图8-29

8.3 PPT文稿的输出与打印

为了方便用户在没有安装PPT的计算机上也能够正常浏览PPT文件，可以将PPT文件转换成其他格式的文档，如图片格式、PDF格式、视频格式等。下面向用户介绍几种常用的输出操作。

■8.3.1 输出PPT文稿

PPT默认的保存格式为"*.pptx",除此之外,用户可以根据需求将PPT文稿保存为不同的文件格式。

1.输出为图片文件

单击"文件"选项卡,选择"另存为"选项,在打开的"另存为"对话框中单击"保存类型"下拉按钮,在打开的列表中有八种图片类型的选项,如图8-30所示。最常用的图片类型是JPEG格式和PNG格式。

无论保存哪种图片格式(除"PowerPoint图片演示文稿"外),用户都需要借助图片查看器才能打开,也就是说,每张幻灯片会以图片的形式单独保存,如图8-31所示。

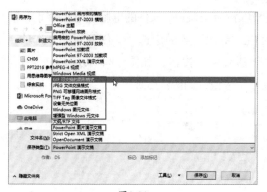

图8-30

图8-31

在保存的过程中,系统会打开提示框,询问是导出所有幻灯片,还是仅当前幻灯片?在此,用户只需根据需求选择即可,如图8-32所示。

图8-32

● **新手误区:**"PowerPoint图片演示文稿"格式与其他图片格式有所区别。虽然都是保存成图片,但该格式最终还是以默认的.pptx格式保存文稿的,只是文稿里面所有的幻灯片是以图片形式展示的。

2.输出为放映文件

在"另存为"对话框中将"保存类型"设为"PowerPoint放映"后,双击PPT文稿,系统会直接以放映模式进行展示,如图8-33所示。

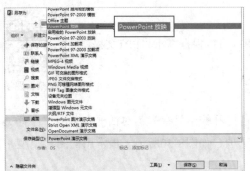

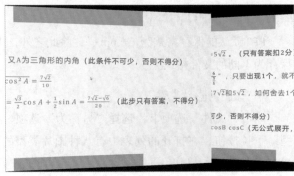

图8-33

3. 输出为视频文件

将PPT文稿以视频格式进行保存，这样方便用户在没有安装PPT软件的电脑上也能够正常播放。在"文件"选项卡中选择"导出"选项，然后在"导出"界面中选择"创建视频"选项，将"放映每张幻灯片的秒数"设为10秒，单击"创建视频"按钮，如图8-34所示。在"另存为"对话框中设置好文件名和保存路径，单击"保存"按钮，如图8-35所示。

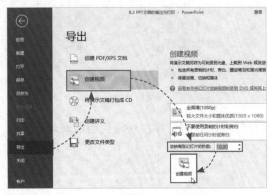

图8-34

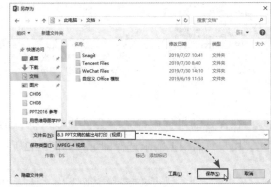

图8-35

双击保存的视频文件，即可播放该PPT，如图8-36所示。

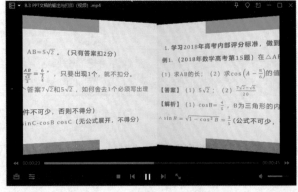

图8-36

4．输出为 PDF 文件

将 PPT 转换成 PDF 文件，可以有效地避免 PPT 在传输过程中其版式出现偏差。在"文件"选项卡中选择"导出"选项，然后选择"创建 PDF/XPS 文档"选项，并单击右侧的"创建 PDF/XPS"按钮，如图 8-37 所示。在"发布为 PDF 或 XPS"对话框中设置好文件名及保存路径，单击"发布"按钮即可，如图 8-38 所示。

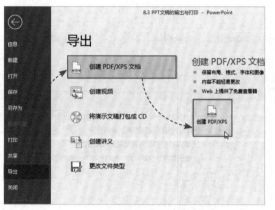

图 8-37

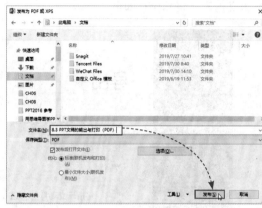

图 8-38

稍等片刻，系统会自动打开 PDF 格式的文稿内容，如图 8-39 所示。

图 8-39

5. 创建讲义内容

用户还可以为PPT文稿添加讲义内容，方便演讲时使用。在"文件"菜单中选择"导出"选项，在"导出"界面中选择"创建讲义"选项，并单击右侧的"创建讲义"按钮，如图8-40所示。在"发送到Microsoft Word"对话框中，根据需要选择满意的讲义版式，单击"确定"按钮，如图8-41所示。此时，系统会自动新建一份讲义文档，如图8-42所示。用户在该文档中创建好讲义内容，将其保存即可。

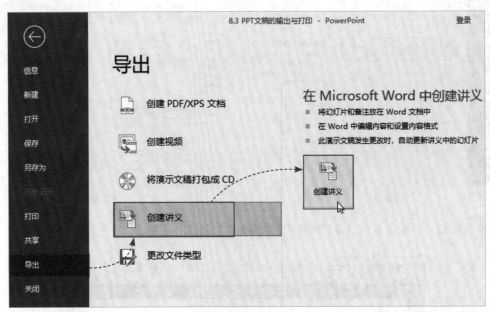

图8-40

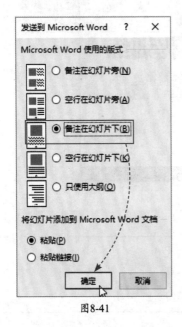

图8-41

图8-42

8.3.2 打包PPT文稿

扫码观看视频

为了使PPT文稿随时能够正常放映，用户最好对PPT进行打包设置。将PPT中相关的素材文件存储在一个文件夹内，同时自带播放器。这样无论电脑中是否安装了PPT软件，都可以放映PPT文稿。

在"文件"菜单中选择"导出"选项，在"导出"界面中选择"将演示文稿打包成CD"选项，并单击右侧的"打包成CD"按钮，打开"打包成CD"对话框，单击"复制到文件夹"按钮，在"复制到文件夹"对话框中单击"浏览"按钮，指定好复制到的新位置，如图8-43所示。

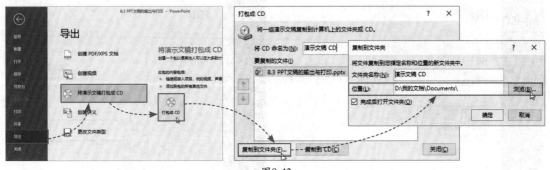

图8-43

依次单击"确定"按钮后，完成PPT的打包操作。随后系统会自动打开打包的文件夹，当前PPT中的所有素材都保存在内。其中，PresentationPackage文件夹包含了播放器及相关支持文件，如图8-44所示。

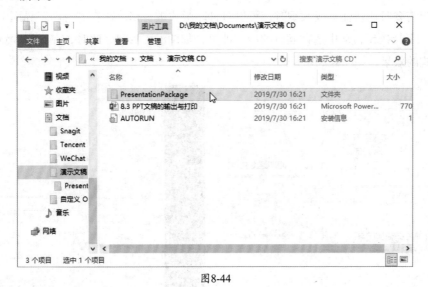

图8-44

8.3.3 设置并打印幻灯片

想要将PPT输出成书面文件，可以使用"打印"功能来操作。用户在打印PPT前需要对一些必要的打印参数进行一番设置才行，如打印范围、打印版式、纸张方向和打印日期及编号等。

1．设置打印范围

若用户只想打印指定区域的幻灯片，就需要对打印范围进行设置。在"文件"菜单中选择"打印"选项，在"打印"界面中单击"打印全部幻灯片"下拉按钮，从中选择"自定义范围"选项，如图8-45所示。在"幻灯片"输入框中输入打印范围，如"2-3"，此时打印范围则定为第2页至第3页，如图8-46所示。

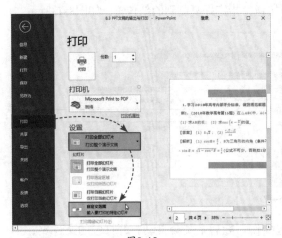

图8-45

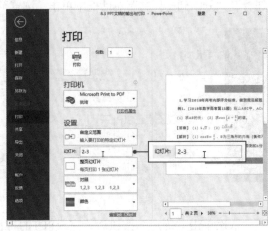

图8-46

2．设置打印版式

当用户需要打印备注页或大纲时，可以对打印版式进行修改。在"打印"界面中单击"整页幻灯片"下拉按钮，从中选择满意的版式即可，如图8-47所示。此时，在打印预览区中可以查看该版式的效果，如图8-48所示。

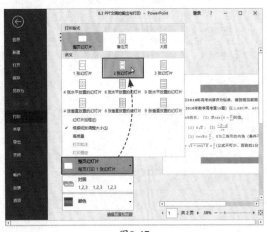

图8-47

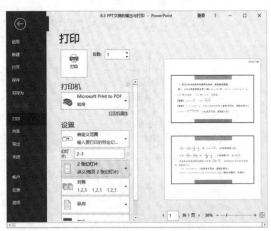

图8-48

3．调整纸张方向

当前纸张方向为纵向，如果需要将其调整为横向，那么可以在"打印"界面中单击"纵向"下拉按钮，从中选择"横向"选项即可，如图8-49所示。

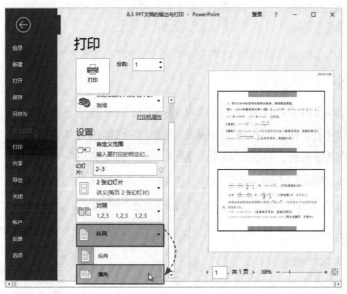

图8-49

● **新手误区：** 在"打印"界面单击"打印机属性"链接项，在"打印机属性"对话框中，用户可以对"纸张大小"参数进行调整。

4．设置打印编号

在打印多张幻灯片时，为了避免打印后不小心将页码顺序混淆，可以在打印前为其添加编号。在"打印"界面中单击"编辑页眉和页脚"链接项，如图8-50所示。在"页眉和页脚"对话框的"幻灯片"选项卡中勾选"幻灯片编号"复选框即可，如图8-51所示。

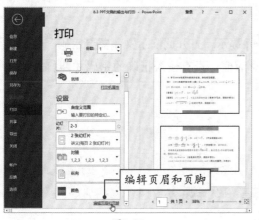

图8-50

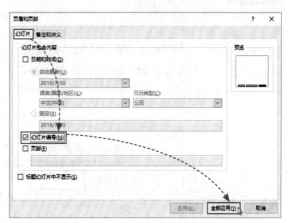

图8-51

如何更改打印的颜色呢？PPT自带有三种打印色，分别为"颜色""灰度"和"黑白"。用户可以根据需要来调整打印色。在"打印"界面中单击"颜色"下拉按钮，从中选择一款打印色即可，此时在右侧的预览区域中即可呈现打印颜色效果。

■8.3.4　保护PPT文稿

为了防止他人篡改PPT文稿，用户可以对文稿进行加密操作。在"文件"菜单的"信息"界面中单击"保护演示文稿"下拉按钮，从中选择"用密码进行加密"选项，在打开的"加密文档"对话框中设定好密码，单击"确定"按钮，在"确认密码"对话框中再输入一次密码，单击"确定"按钮，如图8-52所示。

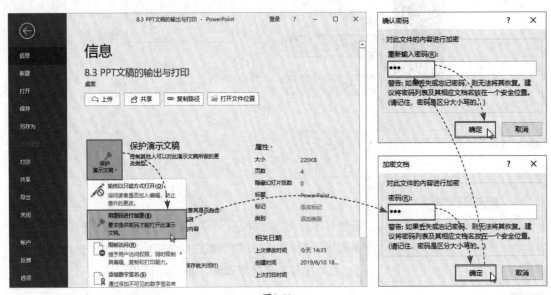

图8-52

此时，原"保护演示文稿"选项已高亮显示，并提示"打开此演示文稿需要密码"信息，保存文稿。当下次打开时，就会先打开"密码"对话框，只有输入正确的密码才能打开该文稿，如图8-53所示。

图8-53

🅟 综合实战

8.4 分享我的旅行计划

凡事都需要先有计划，再开始实施。当然，出门旅行也不例外。旅行前需了解一些目的地的基本情况，然后根据自己的需求制定好出行计划。做到有备无患，才能不枉此行。下面将以假期旅行计划为例，对PPT的放映及输出操作进行全面解析。

■8.4.1　创建旅行计划分享方案

计划制定完成后，为了方便与他人进行分享，可以制定一套专属分享方案，从而方便用户对不同的观众进行分享与说明。

扫码观看视频

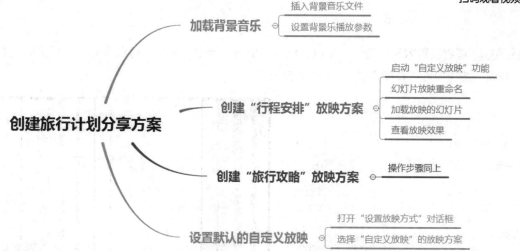

Step 01 加载背景音乐。打开本书配套的原始文件，选择封面幻灯片。在"插入"选项卡中单击"音频"下拉按钮，选择"PC上的音频"选项，插入背景音乐，如图8-54所示。

Step 02 设置背景音乐的播放参数。选中喇叭图标，在"音频工具-播放"选项卡的"音频选项"选项组中对背景音乐的音量、开始模式等进行设置，如图8-55所示。

图8-54

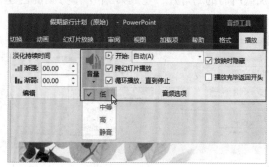

图8-55

Step 03 **新建自定义放映。**在"幻灯片放映"选项卡中单击"自定义幻灯片放映"下拉按钮，选择"自定义放映"选项，打开同名对话框，单击"新建"按钮，如图8-56所示。

Step 04 **加载放映的幻灯片。**在"定义自定义放映"对话框中，将"幻灯片放映名称"更改为"行程安排"；在"在演示文稿中的幻灯片"列表中勾选要放映的幻灯片，单击"添加"按钮，将其加载至右侧"在自定义放映中的幻灯片"列表中，如图8-57所示。

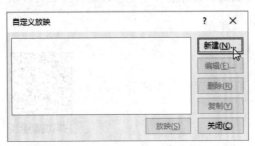

图8-56

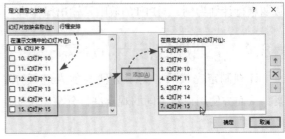

图8-57

Step 05 **查看设置效果。**幻灯片加载完成后，单击"确定"按钮，返回到上一层对话框，单击"放映"按钮即可查看设置效果，如图8-58所示。

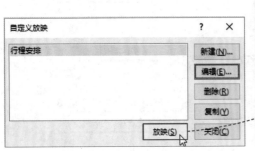

图8-58

Step 06 **创建第2个分享方案。**同样单击"自定义幻灯片放映"下拉按钮，从中选择"自定义放映"选项，在"自定义放映"对话框中单击"新建"按钮，在"定义自定义放映"对话框中加载所需的幻灯片，完成第2个分享方案的创建，如图8-59所示。

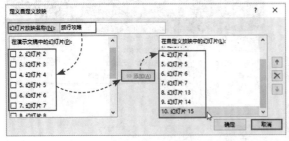

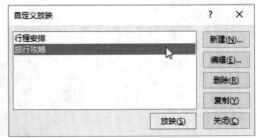

图8-59

知识拓展

　　所有自定义放映方案创建好后，按F5键，系统默认会放映当前所有的幻灯片。如果想实现按F5键直接播放自定义的放映方案，该如何操作呢？简单，只需设置一下放映方式即可。在"幻灯片放映"选项卡中单击"设置幻灯片放映"按钮，打开"设置放映方式"对话框，在"放映幻灯片"选项组中单击"自定义放映"单选按钮，并在其下拉列表中选择一款放映方案即可，如图8-60所示。当再次按F5键时，系统就会默认放映该方案了。

图8-60

■8.4.2　阐述旅行攻略方案

　　为了能够让他人更好地了解自己制定的计划，可以在放映过程中对内容进行一些必要的解释与说明。

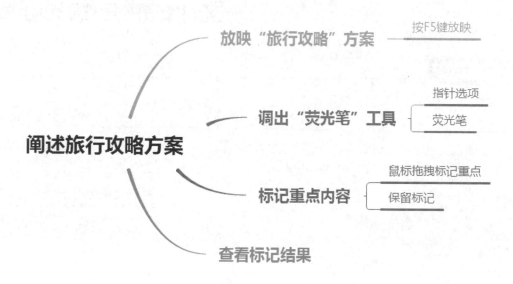

Step 01 开始放映"旅行攻略"分享方案。将放映方案切换为"旅行攻略"。按F5键即会以全屏模式开始放映，如图8-61所示。

Step 02 调出"荧光笔"工具。在放映过程中右击，在快捷菜单中选择"指针选项"，然后在其级联菜单中选择"荧光笔"选项，如图8-62所示。

图8-61

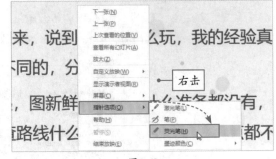

图8-62

Step 03 标记重点讨论内容。在当前页面中，使用拖拽鼠标的方法标记出重点内容，如图8-63所示。

Step 04 保留标记。标记完成后，按Esc键，系统会询问"是否保留墨迹注释"，单击"保留"按钮即可保留当前的标记，如图8-64所示。

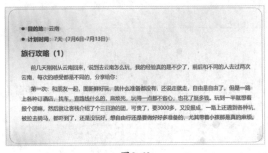

图8-63

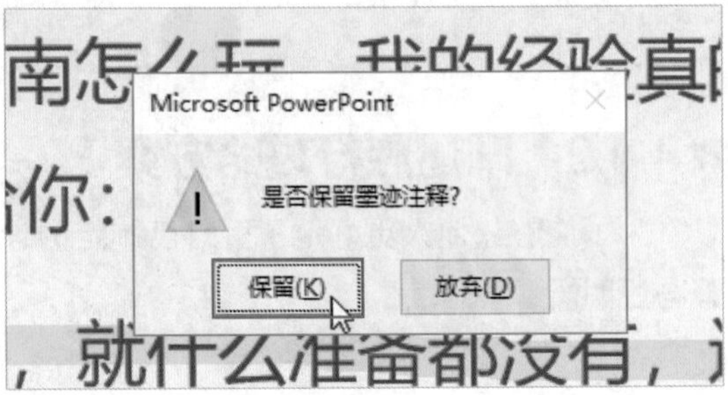

图8-64

知识拓展

　　标记错误时，可以再次单击"笔"图标按钮，在打开的列表中选择"橡皮擦"选项。当光标呈橡皮图形时，单击要删除的标记即可。在列表中选择"擦除幻灯片上的所有墨迹"选项，即可一次性删除所有标记，如图8-65所示。

图8-65

Step 05 **查看标记保留结果。**标记保存后，返回到PPT的编辑状态，此时用户会发现当前幻灯片中也保留了相应的标记，如图8-66所示。该标记是可以被编辑的。选中所需标记，在"墨迹书写工具-笔"选项卡中，对当前标记的颜色进行修改，如图8-67所示。

图8-66

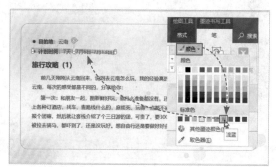

图8-67

● **新手误区：**对标记进行编辑后，在放映时该标记也会随之发生相应的变化。

■ 8.4.3 转换旅行计划的文件类型

在以上内容中简单地介绍了PPT转换的各种文件类型。下面将向用户详细介绍一下PPT格式转换的具体操作。

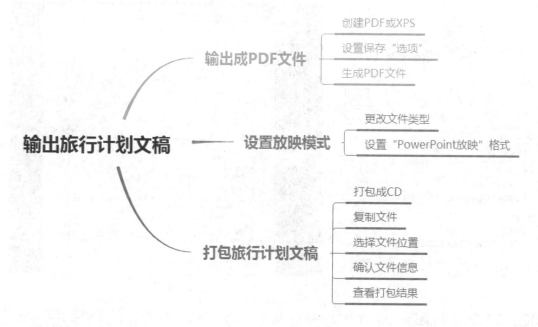

Step 01 **创建PDF或XPS。**在"文件"菜单中选择"导出"选项，在"导出"界面中单击"创建PDF/XPS"按钮，打开"发布为PDF或XPS"对话框，设置好保存路径及文件名称，如图8-68所示。

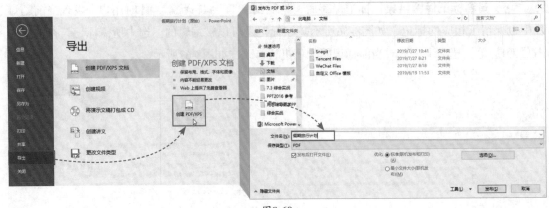

图8-68

Step 02 设置保存"选项"。在"发布为PDF或XPS"对话框中单击"选项"按钮，在"选项"对话框的"范围"选项组下单击"自定义放映"单选按钮，其后在"发布选项"选项组下取消勾选"包括墨迹"复选框，单击"确定"按钮，如图8-69所示。

Step 03 生成PDF格式文件。返回上一层对话框，单击"发布"按钮，稍等片刻，系统会自动以PDF格式打开该文稿，如图8-70所示。

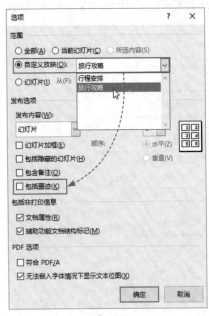

图8-69

图8-70

Step 04 更改文件类型。在"文件"菜单中选择"导出"选项，在"导出"界面中选择"更改文件类型"选项，并单击"另存为"按钮，如图8-71所示。

Step 05 设置放映模式。在"另存为"对话框中设置好保存路径及文件名，将"保存类型"设为"PowerPoint放映"格式，单击"保存"按钮，如图8-72所示。

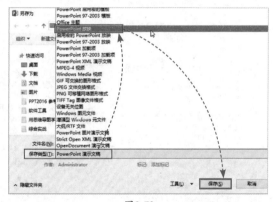

图8-71 图8-72

● **新手误区：** 双击放映模式的PPT后，系统会自动以放映模式放映当前PPT。在放映状态时，用户是无法对其内容进行任何编辑操作的，所以该模式起到了一定的保护作用，避免他人恶意篡改内容。

■8.4.4 打包我的旅行计划

如果需要将制作好的旅行计划文稿传输给他人，无论是通过哪种渠道传输，最好将该文稿进行打包，以防遗漏相应的素材文件，从而导致别人无法观看。

Step 01 **打包成CD。** 在"文件"菜单中选择"导出"选项，在"导出"界面选择"将演示文稿打包成CD"选项，并单击"打包成CD"按钮，如图8-73所示。

Step 02 **复制文件。** 在"打包成CD"对话框中，在"将CD命名为"文本框中输入文稿名称，单击"复制到文件夹"按钮，如图8-74所示。

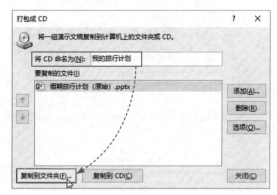

图8-73 图8-74

Step 03 **选择文件的位置。** 在"复制到文件夹"对话框中单击"浏览"按钮，在"选择位置"对话框中设置好文件的保存位置，单击"选择"按钮，如图8-75所示。

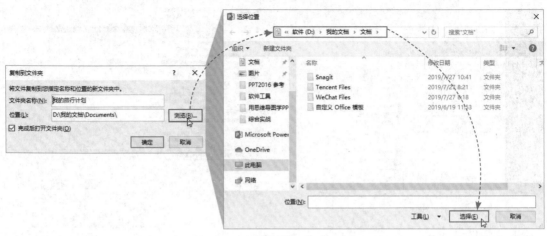

图8-75

Step 04 **确认信息。** 在打开的系统提示对话框中，依次单击"是"和"继续"按钮后，开始复制文件，如图8-76所示。

图8-76

Step 05 **完成打包操作。** 文件复制完成后，系统会打开复制的文件夹。在该文件夹中就会显示当前文稿的所有素材文件及PPT播放器。

● **新手误区：** 在"复制到文件夹"对话框中取消勾选"完成后打开文件夹"复选框，那么在最后一步复制文件后，系统将不会打开相应的文件夹。

通过对本章内容的学习，相信大家对PPT放映的相关操作有了更多的认识。为了巩固本章的知识内容，大家可以根据以下的思维导图来对第7章制作的PPT文稿设置放映方案。

上述思维导图仅供参考，大家若有更好的构思及放映方案，可以自行绘制思维导图，并根据导图来制作PPT。

NOTE

Tips

将此作业通过QQ（1932976052）的形式发送给我们，我们会在QQ群（群号：728245398）中定期进行评选，优胜者将有礼物送出哦！希望大家积极参与。

附 录

插件，
让 PPT 制作更高效

有时自己费尽心思做出来的PPT，还没有别人3分钟做出来的效果好。这里的区别不在于你没有想法，而在于你没有选择好PPT的工具。合理地利用好PPT插件工具，将会事半功倍，其效果也能与那些PPT大神们的作品相媲美。

PPT插件工具有很多，这里将向用户介绍三款主流插件，分别为OneKey、PocketAnimation和PPT美化大师。

■OneKey 工具

OneKey插件简称OK插件，它是由PPT设计师"只为设计"独立开发的一款免费的PPT第三方综合性设计插件。该插件很受PPT爱好者欢迎。在使用方面，该插件强化了PPT软件的图片和形状工具。特别在图片处理方面，可以说能够与PS工具相媲美。给用户提供了多方面的选择，OneKey Lite选项卡如图1所示。

图1

利用OK插件中的"形状组"选项组中的一些工具，可以对PPT中的形状图形进行编辑操作。虽然PPT自带的形状工具足够应付用户日常的编辑操作，但它与OK插件中的形状工具相比，还是有不足之处的。例如，想要对背景进行渐变虚化处理，一般会先添加一个矩形，隐藏矩形边框，然后反复调整它的渐变参数，直到达到最佳效果为止。而使用OK插件，只需3步完成操作，原始效果如图2所示，添加背景渐变虚化效果如图3所示。

图2

图3

具体操作为：切换到OneKey Lite选项卡，在"形状组"中单击"插入形状"下拉按钮，选择"全屏矩形"选项，此时系统会添加一个与当前页面大小相同的矩形，如图4所示。在"绘图工具-格式"选项卡中，设置好矩形的填充色，这里设为"白色"，然后再次切换到OneKey Lite选项卡，在"颜色组"中单击"渐纯互转"下拉按钮，选择"光圈虚化"选项即可完成操作，如图5所示。

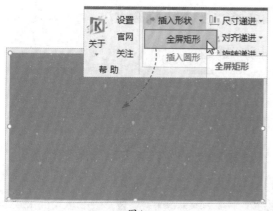

图4

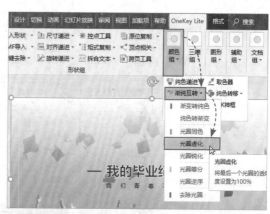

图5

在"形状组"选项组中，用户还可以对形状的大小、对齐方式和旋转方式进行设置。例如，一键将所选形状按照从小到大进行排列，或者一键对齐所有形状等，甚至可以将所选形状进行阵列操作，如图6所示。这些工具要比PPT自带的形状工具方便得多。

除此之外，使用OK插件还可以将一整套幻灯片进行拼图操作。在各个PPT模板网站中，所有模板都是以拼图的形式来展示的，如图7所示。这种拼图效果，使用PPT自带的工具是无法实现的，只能使用该插件才可以。

图6

图7

打开所需的PPT文件，先在预览窗格中按住Ctrl键，选中多张要进行拼图的页面，然后切换到OneKey Lite选项卡，在"图形组"中单击"OK拼图"下拉按钮，从中选择"自由拼图"选项，在打开的设置窗口中，用户可以根据需要对图片宽度、列数等参数进行设置，单击"拼图"按钮，如图8所示。稍等片刻，系统会新建一个同名文件夹，并将拼图效果保存在该文件夹内。

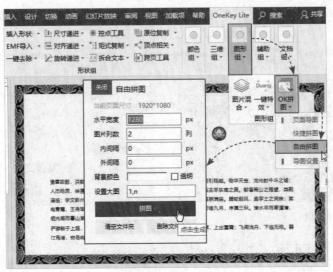

图8

知识拓展

　　使用OK插件中的"图片混合"命令，可以快速调整图片或图标的颜色，使其与主题色统一；使用"一键特效"命令，可以迅速为图片添加各种特效，如马赛克、三维折图、长阴影等效果，操作起来非常方便。在此这些命令就不一一介绍了，感兴趣的用户可以自行尝试。

■PocketAnimation工具

　　PocketAnimation插件简称为PA，它是一款制作PPT动画的插件。该插件不但操作简单，而且它能够实现PPT无法完成的动画效果。PA动画插件分为两个模式，分别为盒子模式和专业模式。其中，盒子模式是PPT新手专属工具，如图9所示；而专业模式是为那些PPT设计师、爱好者们设计的，高端、有内涵，如图10所示。用户安装PA插件后，在"关于"选项组中就可以相互切换这两种模式。

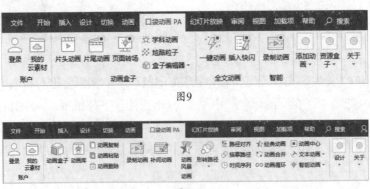

图9

图10

盒子模式的操作比较简单，大多数命令只需套用各种模板来实现，最后呈现出的效果也很不错。在"全文动画"选项组中单击"一键动画"按钮，就会打开"个人设计库"窗格。在该窗格中，用户可以根据自己的需求选择各种动画模板，如图11所示。单击"资源盒子"按钮，在窗格中会显示各种幻灯片模板、页面背景、配色等元素，如图12所示。单击"素材盒子"按钮，则会展示出"图片""图标"和"PNG图"元素，如图13所示。在此用户可以选择各种漂亮的素材来装饰页面。

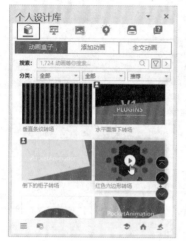

图11　　　　　　　　　　　图12　　　　　　　　　　　图13

　　而专业模式的操作难度会有所增加，它主要是偏向于动画的制作。毕竟这是针对PPT进阶人群而开发的，其中会涉及一些专业的命令。该模式中的路径功能，让原本不可捉摸、难以控制的路径动画变得轻松简单、容易上手。而图形功能则提供了n种创意形状，如图14所示。

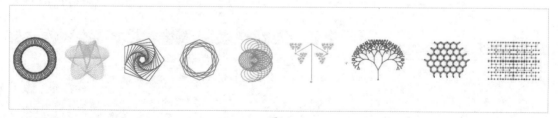

图14

■ PPT美化大师

　　对于PPT新手用户来说，PPT美化大师是一款非常实用的插件。该插件专门对PPT进行美化操作，它提供了丰富的PPT模板，一键美化的功能足以让新手用户爱不释手，如图15所示。

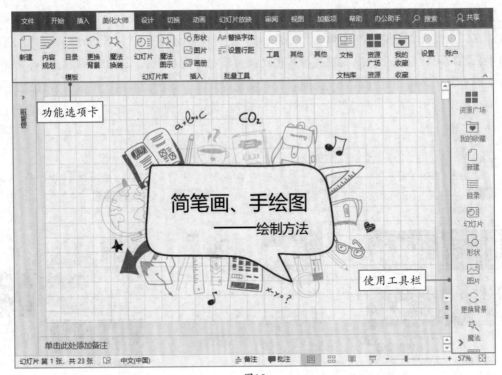

图15

1.一键规划主题内容

新建空白PPT后，在"美化大师"选项卡中单击"内容规划"按钮，在"规划PPT内容"窗口中根据需要输入文档的封面标题和章节标题等内容，然后在"风格"列表中选择适合的PPT风格，单击"完成"按钮，如图16所示。稍等片刻，即可生成一款漂亮的PPT模板，如图17所示。

图16

图17

2. PPT 模板、图片素材在线选择

"一键美化"是PPT美化大师的核心内容。它提供了很多漂亮的背景图片素材，用户只需在页面中输入内容，然后在"美化大师"选项卡或右侧的工具栏中单击"更换背景"按钮，在打开的模板窗口中选择一款满意的模板，单击模板右侧的"套用至当前文档"按钮即可，如图18所示。

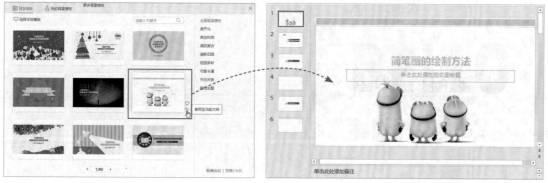

图18

3. 批量处理功能

在"美化大师"插件中，我们可以对"字体""行间距"进行批量设置，如图19和图20所示，也可以批量删除动画、切换效果及一些备注信息等。除此之外，利用"导出"功能，可以将PPT批量导出各种形式的文档，如PPT拼图格式、图片格式、视频格式等，如图21所示。

图19

图20

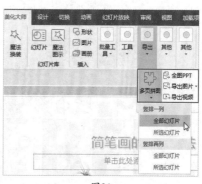
图21

除了以上三款主流插件外，还有其他插件，用户可以根据实际情况选择使用，这里就不再一一阐述了。需要说明的是，所有的PPT插件只是起到辅助美化的作用。想要做好PPT，只凭几款插件是不够的，掌握PPT的基本操作才是正道。